Thiago Itamar Morais

Conhecimento Pedagógico do conteúdo
no Ensino Física

Thiago Itamar Morais

Conhecimento Pedagógico do conteúdo *no* Ensino Física

Ficha catalográfica

SUMÁRIO

1 Conhecimento pedagógico do conteúdo

O conhecimento pedagógico do conteúdo é uma parte essencial da prática docente[1], especialmente no campo da educação. Refere-se ao entendimento que os professores têm sobre o conteúdo que estão ensinando, bem como a capacidade de transformar esse conhecimento em experiências de aprendizado significativas para os alunos.

O conhecimento pedagógico do conteúdo envolve vários elementos inter-relacionados:

- *Conhecimento do conteúdo*: É a compreensão profunda do assunto que está sendo ensinado, incluindo conceitos-chave, teorias, princípios e estruturas subjacentes. Os professores devem ter um domínio sólido do conteúdo para transmiti-lo de maneira eficaz aos alunos.

[1] *"Cada prática docente é uma resposta singular a desafios singulares. Cada professor e cada professora responde a esses desafios com base em sua compreensão, sua consciência, sua história pessoal, seus valores, suas competências e suas emoções." (GARCIA, C. M. Formação de professores para uma mudança educativa. Porto: Porto Editora, 1999)*

- *Conhecimento pedagógico geral*: É o conhecimento sobre como ensinar e facilitar a aprendizagem dos alunos. Inclui estratégias de ensino, abordagens pedagógicas, metodologias, avaliação, planejamento de aulas e gerenciamento de sala de aula. Esse conhecimento permite que os professores selecionem as melhores práticas e métodos para ajudar os alunos a compreenderem o conteúdo.
- *Conhecimento do currículo*[2]: Envolve a familiaridade com os padrões e diretrizes curriculares estabelecidos pelas autoridades educacionais. Os professores precisam saber quais são os objetivos de aprendizagem, os padrões a serem alcançados e como o conteúdo se encaixa no currículo geral.
- *Conhecimento dos alunos*: É o entendimento das características individuais e coletivas dos alunos, incluindo suas necessidades, interesses, habilidades,

[2] *"Ao pensar o currículo escolar, é fundamental reconhecer que ele é uma construção social e política, que reflete visões de mundo, valores e interesses. O currículo não é neutro, mas sim um espaço de disputas e negociações que moldam a formação dos estudantes e a reprodução ou transformação da sociedade." (SACRISTÁN, J. G.; GOMEZ, P. G. Compreender e transformar o ensino. Porto Alegre: Artmed, 1998)*

experiências prévias e estilos de aprendizagem. Esse conhecimento ajuda os professores a adaptar o conteúdo e as estratégias de ensino para atender às necessidades dos alunos e promover uma aprendizagem significativa.

- *Conhecimento do contexto*: Envolve a compreensão do ambiente mais amplo em que ocorre o ensino e a aprendizagem, incluindo fatores sociais, culturais, econômicos e institucionais que podem influenciar a forma como o conteúdo é ensinado e aprendido. Os professores devem levar em consideração o contexto em que estão trabalhando para tornar o conteúdo relevante e significativo para os alunos.

O conhecimento pedagógico do conteúdo não se limita apenas a saber sobre o conteúdo em si, mas também a saber como ensiná-lo de maneira eficaz, envolvendo os alunos, promovendo a compreensão profunda e adaptando-se às necessidades individuais.

É um componente fundamental da expertise profissional dos professores[3] e contribui para o sucesso da aprendizagem dos alunos.

Aspectos do Conhecimento Pedagógico do conteúdo

Aspectos do Conhecimento Pedagógico do Conteúdo	**Descrição**
Domínio do conteúdo	Conhecimento aprofundado e atualizado sobre o assunto que será ensinado, incluindo conceitos, teorias, princípios e aplicações práticas.
Organização do conteúdo	Capacidade de estruturar e organizar o conteúdo de forma lógica e sequencial, estabelecendo conexões e relações entre os diferentes tópicos.
Sequenciamento e progressão	Habilidade de planejar e sequenciar o ensino do conteúdo, levando em consideração a progressão adequada das habilidades e conceitos envolvidos.
Metodologias de ensino	Conhecimento de diferentes abordagens e estratégias de ensino que são eficazes para facilitar a compreensão e a aprendizagem dos alunos.
Diversificação e adaptação do ensino	Capacidade de adaptar o ensino para atender às necessidades e características individuais

[3] *"A expertise profissional dos professores envolve a combinação de conhecimento teórico, prático e experiencial, que se manifesta na capacidade de tomar decisões fundamentadas, adaptar estratégias de ensino às necessidades dos alunos e criar ambientes de aprendizagem significativos." (SHULMAN, L. S. Conhecimento e ensino: fundamentos do novo paradigma educacional. Porto Alegre: Artmed, 2005)*

	dos alunos, incluindo diferentes estilos de aprendizagem.
Diagnóstico e avaliação	Competência em avaliar o progresso e a compreensão dos alunos, utilizando diferentes estratégias de avaliação e adaptando-as conforme necessário.
Erros e obstáculos de aprendizagem	Conhecimento sobre os erros e obstáculos comuns que os alunos podem enfrentar ao aprender o conteúdo, bem como estratégias para superá-los.
Conexões interdisciplinares	Compreensão das conexões e relações do conteúdo com outras disciplinas e áreas de conhecimento, permitindo abordagens interdisciplinares.
Atualização e desenvolvimento profissional	Disposição para manter-se atualizado sobre avanços e mudanças no campo educacional, participando de cursos de desenvolvimento profissional.

É importante ressaltar que o conhecimento pedagógico do conteúdo é uma combinação de conhecimento do assunto em si e das estratégias pedagógicas para ensiná-lo de maneira eficaz. Essa tabela fornece apenas uma visão geral e existem muitos outros aspectos envolvidos nesse tipo de conhecimento.

1.1 Conhecimento do conteúdo

O conhecimento do conteúdo é fundamental no ensino por diversas razões:

- *Compreensão profunda:* O conhecimento do conteúdo permite ao professor ter uma compreensão aprofundada dos conceitos, princípios e teorias que serão ensinados. Isso permite que eles apresentem informações precisas e corretas aos alunos, evitando a transmissão de concepções errôneas ou informações incompletas.
- *Contextualização e conexões*: Com um conhecimento sólido do conteúdo, os professores podem contextualizar o material de ensino, tornando-o relevante para a vida dos alunos. Eles podem estabelecer conexões entre os conceitos abordados e situações do mundo real, facilitando a compreensão e o engajamento dos alunos.
- *Resolução de problemas*[4]: O conhecimento do conteúdo capacita os professores a fornecer orientação e suporte eficazes quando os alunos encontram dificuldades na resolução de problemas. Os professores podem identificar estratégias adequadas, fornecer exemplos relevantes e guiar os alunos na busca de soluções.

---

[4] *"A resolução de problemas é uma abordagem pedagógica que promove a aprendizagem ativa e significativa, estimulando os alunos a aplicar conhecimentos e habilidades em situações autênticas, desafiadoras e contextualizadas, desenvolvendo assim sua capacidade de pensar criticamente e encontrar soluções criativas." (POLYA, G. A arte de resolver problemas: um novo aspecto do método matemático. Rio de Janeiro: Interciência, 1995)*

- *Adaptabilidade*: Ao possuir um amplo conhecimento do conteúdo, os professores têm a capacidade de adaptar e personalizar o ensino para atender às necessidades individuais dos alunos. Eles podem fornecer diferentes abordagens, exemplos ou atividades para atender aos diferentes estilos de aprendizagem e níveis de habilidade dos alunos.
- *Perguntas e respostas*: O conhecimento do conteúdo permite que os professores respondam de forma precisa e confiante às perguntas dos alunos. Isso ajuda a estabelecer credibilidade e confiança, além de fornecer informações adicionais e aprofundadas quando necessário.
- *Criatividade e inovação*: Um conhecimento sólido do conteúdo também pode inspirar a criatividade e a inovação na forma como o conteúdo é apresentado aos alunos. Os professores podem explorar diferentes estratégias, recursos e tecnologias para tornar o ensino mais envolvente e interessante, despertando o interesse dos alunos e promovendo uma aprendizagem significativa.

- *Avaliação efetiva*[5]: O conhecimento do conteúdo é crucial para avaliar o progresso e o desempenho dos alunos. Os professores podem projetar avaliações relevantes e adequadas, identificar erros conceituais comuns e fornecer feedback construtivo para melhorar a compreensão e o aprendizado dos alunos.

O conhecimento do conteúdo desempenha um papel fundamental no ensino, permitindo que os professores transmitam informações precisas, criem conexões relevantes, resolvam problemas, adaptem-se às necessidades dos alunos, respondam a perguntas com confiança, inspirem criatividade e inovação, e avaliem efetivamente o aprendizado dos alunos. É uma base sólida para a prática pedagógica e contribui para o sucesso educacional dos alunos.

1.2 Conhecimento pedagógico geral

O conhecimento pedagógico geral refere-se ao conjunto de habilidades, conhecimentos e compreensões que os

---

[5] *"A avaliação efetiva é aquela que vai além da simples mensuração do conhecimento adquirido, permitindo uma compreensão ampla e profunda das habilidades, competências e processos cognitivos dos alunos. Envolve a utilização de estratégias variadas, como avaliação formativa, autoavaliação e avaliação por pares, proporcionando feedback construtivo e promovendo a aprendizagem contínua." (HADJI, C. Avaliação desmistificada. Porto Alegre: Artmed, 2001)*

professores têm sobre a prática de ensino como um todo. É uma combinação de teorias, princípios e estratégias pedagógicas que são aplicáveis em diferentes contextos educacionais. Esse conhecimento abrange várias áreas, incluindo:

- *Teorias da aprendizagem*[6]: Os professores devem estar familiarizados com diferentes teorias da aprendizagem, como o behaviorismo, o construtivismo, a teoria sociocultural e a abordagem cognitiva. Isso lhes permite compreender como os alunos adquirem conhecimento, desenvolvem habilidades e constroem significados.
- *Estratégias de ensino*: Os professores devem ter conhecimento de uma ampla gama de estratégias de ensino que são eficazes para facilitar a aprendizagem dos alunos. Isso pode incluir aulas expositivas, discussões em grupo, atividades práticas, projetos colaborativos, uso de tecnologia educacional e outras abordagens que promovam a participação ativa dos alunos.

---

[6] *"Teorias da aprendizagem são fundamentais para compreendermos os processos cognitivos, afetivos e sociais envolvidos no processo de adquirir conhecimento. Elas nos fornecem diferentes perspectivas sobre como as pessoas aprendem e nos orientam na concepção de estratégias de ensino mais eficazes e inclusivas." (MOREIRA, M. A.; MASINI, E. F. S. Aprendizagem significativa: a teoria de David Ausubel. São Paulo: Moraes, 1982)*

- *Planejamento de aulas*[7]: Os professores precisam saber como planejar aulas efetivas e estruturadas. Isso envolve estabelecer objetivos de aprendizagem claros, selecionar e organizar o conteúdo de maneira lógica, identificar estratégias de ensino adequadas e recursos relevantes, e criar atividades e avaliações que correspondam aos objetivos estabelecidos.
- *Gerenciamento da sala de aula*: Os professores devem ser capazes de gerenciar efetivamente a sala de aula para criar um ambiente propício à aprendizagem. Isso envolve estabelecer regras e rotinas claras, promover a participação ativa dos alunos, lidar com comportamentos desafiadores, incentivar a colaboração e criar um clima positivo e inclusivo.
- *Avaliação e feedback*: Os professores devem estar familiarizados com diferentes estratégias de avaliação, como testes, trabalhos práticos, projetos, portfólios e observações. Eles devem saber como criar avaliações autênticas e significativas, fornecer feedback construtivo

---

[7] *"O planejamento de aulas é uma etapa essencial no processo educativo, pois possibilita ao professor organizar e estruturar as atividades de ensino de forma coerente e articulada, considerando os objetivos de aprendizagem, os conteúdos a serem abordados, as estratégias pedagógicas e as necessidades dos estudantes." (LIBÂNEO, J. C. Didática. São Paulo: Cortez, 2013)*

aos alunos e utilizar os resultados da avaliação para informar a prática de ensino e a tomada de decisões.

- *Diversidade e inclusão*: Os professores devem ter conhecimento sobre diversidade e inclusão, compreendendo as necessidades e características dos diferentes alunos, incluindo aqueles com habilidades especiais, origens culturais diversas, línguas maternas diferentes e estilos de aprendizagem variados. Eles devem ser capazes de adaptar sua instrução para atender às necessidades individuais e promover um ambiente inclusivo para todos os alunos.

O conhecimento pedagógico geral é essencial para a prática docente eficaz. Ele fornece às professoras e aos professores uma base sólida para tomar decisões informadas, projetar experiências de aprendizagem significativas, promover a participação dos alunos e alcançar resultados educacionais positivos. Além disso, o conhecimento pedagógico geral está em constante evolução, à medida que novas pesquisas e abordagens pedagógicas emergem.

1.3 Conhecimento do currículo

O conhecimento do currículo é de extrema importância para os professores por várias razões:

- *Orientação e direcionamento*: O conhecimento do currículo permite que os professores compreendam quais são os objetivos de aprendizagem e as expectativas estabelecidas pelas autoridades educacionais. Eles sabem quais são os tópicos, conceitos e habilidades que devem ser abordados em cada nível educacional e em cada disciplina. Isso fornece uma orientação clara sobre o que precisa ser ensinado, permitindo que os professores planejem suas aulas de forma coerente e relevante.
- *Sequenciamento e progressão*: O conhecimento do currículo ajuda os professores a entender a sequência lógica do conteúdo e a progressão do aprendizado ao longo dos anos escolares. Eles têm uma visão geral de como os conceitos são introduzidos, desenvolvidos e aprofundados à medida que os alunos avançam em suas trajetórias educacionais. Isso permite que os professores planejem a progressão do ensino de forma consistente,

garantindo que os alunos construam um conhecimento sólido e progressivo.

- *Coerência e consistência*: O conhecimento do currículo permite que os professores ofereçam uma experiência de aprendizagem coerente e consistente para os alunos. Eles podem alinhar suas aulas, atividades e avaliações aos objetivos e padrões do currículo, garantindo que todos os alunos tenham acesso ao mesmo conjunto de conhecimentos e habilidades. Isso promove a equidade educacional e evita discrepâncias ou lacunas na aprendizagem dos alunos.
- *Adaptação e contextualização*: O conhecimento do currículo também capacita os professores a adaptar e contextualizar o ensino de acordo com as necessidades e características dos alunos. Eles podem fazer conexões relevantes entre o currículo e o mundo real, incorporando exemplos, contextos locais e experiências dos alunos para tornar o aprendizado mais significativo e engajador. Isso ajuda os alunos a verem a relevância e a aplicação prática do que estão aprendendo.
- *Avaliação e prestação de contas*: O conhecimento do currículo é fundamental para o processo de avaliação dos alunos. Os professores podem criar avaliações

alinhadas aos objetivos e critérios do currículo, garantindo que os alunos sejam avaliados de acordo com as competências e habilidades esperadas. Além disso, o conhecimento do currículo permite que os professores prestem contas às autoridades educacionais e aos pais, demonstrando que estão cumprindo os requisitos curriculares e proporcionando uma educação de qualidade.

O conhecimento do currículo é fundamental para os professores, pois fornece orientação, sequenciamento e progressão do aprendizado, assegura coerência e consistência na educação, possibilita a adaptação e contextualização do ensino, e apoia a avaliação e prestação de contas.

Ao compreender o currículo, os professores são capazes de fornecer uma educação de qualidade, preparando os alunos para alcançar os objetivos e padrões estabelecidos para sua formação acadêmica e pessoal.

1.4 Conhecimento dos alunos

O conhecimento dos alunos é de extrema importância para os professores por diversas razões:

- *Planejamento adequado do ensino*: Ao conhecer seus alunos, os professores podem planejar suas aulas de forma mais eficaz. Eles podem adaptar o conteúdo, a metodologia e os recursos utilizados com base nas características individuais dos alunos, como seus interesses, estilos de aprendizagem, níveis de conhecimento prévio e necessidades específicas. Isso ajuda a tornar o ensino mais relevante e envolvente para os alunos, promovendo um maior engajamento e aprendizagem.
- *Atendimento às necessidades individuais*: Cada aluno é único, e o conhecimento individual dos alunos permite que os professores atendam às suas necessidades específicas. Eles podem identificar as áreas em que os alunos precisam de apoio adicional e fornecer recursos, estratégias e suporte personalizados para ajudá-los a progredir. Isso ajuda a garantir que todos os alunos tenham a oportunidade de alcançar seu potencial máximo.

- *Relacionamento professor-aluno*: O conhecimento dos alunos ajuda a estabelecer um relacionamento positivo entre o professor e os alunos. Quando os professores demonstram interesse e compreensão em relação aos alunos, eles se sentem valorizados e respeitados. Isso cria um ambiente de aprendizagem seguro e acolhedor, onde os alunos se sentem mais confortáveis para fazer perguntas, compartilhar suas ideias e se envolver ativamente nas atividades de ensino.
- *Adaptação das estratégias de ensino*: O conhecimento dos alunos permite que os professores adaptem suas estratégias de ensino para atender às preferências e necessidades dos alunos. Eles podem usar diferentes abordagens, recursos e atividades com base nos estilos de aprendizagem dos alunos, tornando o ensino mais acessível e efetivo. Ao considerar as características individuais dos alunos, os professores podem encontrar maneiras criativas de transmitir o conhecimento e promover a compreensão.
- *Promoção de um ambiente inclusivo*: O conhecimento dos alunos contribui para a criação de um ambiente inclusivo na sala de aula. Os professores podem identificar a diversidade presente na turma, como

diferentes origens culturais, experiências de vida e habilidades individuais. Isso permite que os professores valorizem e respeitem as perspectivas e contribuições de todos os alunos, promovendo uma cultura de respeito mútuo e valorização da diversidade.

- *Suporte socioemocional*: O conhecimento dos alunos também envolve a compreensão de suas necessidades socioemocionais. Os professores podem identificar sinais de problemas emocionais, dificuldades de aprendizagem ou desafios sociais, e fornecer o apoio adequado. Isso inclui oferecer orientação, criar um ambiente de apoio emocional, estabelecer comunicação efetiva com os alunos e suas famílias, e encaminhar apropriadamente para recursos externos, quando necessário.

O conhecimento dos alunos permite que os professores planejem e adaptem o ensino de forma mais eficaz, atendendo às necessidades individuais dos alunos, estabelecendo relacionamentos positivos, promovendo um ambiente inclusivo, oferecendo suporte socioemocional.

1.5 Conhecimento do contexto

Conhecer o contexto educacional é de fundamental importância para os professores, pois fornece informações essenciais sobre o ambiente em que estão trabalhando. Aqui estão algumas razões pelas quais o conhecimento do contexto educacional é importante:

- *Compreender os alunos*: O contexto educacional inclui fatores como características socioeconômicas, culturais e demográficas dos alunos. Essas informações ajudam os professores a compreender as experiências de vida dos alunos, suas necessidades, interesses e desafios. Isso permite que os professores adaptem sua prática de ensino para atender às necessidades específicas dos alunos, estabeleçam conexões relevantes com suas vidas e criem um ambiente de aprendizagem inclusivo e acolhedor.
- *Adequar o ensino*: Conhecer o contexto educacional ajuda os professores a adequar o ensino às características específicas da comunidade escolar. Eles podem incorporar exemplos, situações e contextos locais em suas aulas, tornando o aprendizado mais relevante e significativo para os alunos. Além disso, os

professores podem adaptar as estratégias de ensino com base nas necessidades e preferências da comunidade escolar, promovendo uma maior efetividade no ensino.

- *Colaboração com os pais e responsáveis*: O conhecimento do contexto educacional permite que os professores estabeleçam uma colaboração efetiva com os pais e responsáveis dos alunos. Ao entender as características e necessidades da comunidade escolar, os professores podem estabelecer uma comunicação clara e significativa com os pais, envolvendo-os no processo educacional. Isso cria uma parceria entre a escola e a família, contribuindo para o sucesso dos alunos.
- *Contextualizar políticas e diretrizes*: Cada contexto educacional possui suas próprias políticas, diretrizes e regulamentos específicos. Os professores precisam estar cientes dessas políticas para garantir que sua prática de ensino esteja alinhada com elas. Isso inclui questões relacionadas ao currículo, avaliação, inclusão, diversidade, disciplina e outros aspectos importantes da educação. Conhecer o contexto educacional ajuda os professores a atuar de acordo com as diretrizes

estabelecidas e a cumprir as expectativas da comunidade escolar.

- *Identificar recursos e suportes*: Cada contexto educacional possui recursos e suportes específicos disponíveis para os professores. Isso pode incluir materiais didáticos, tecnologia educacional, programas de formação continuada, serviços de apoio ao aluno, entre outros. Ao conhecer o contexto educacional, os professores podem aproveitar esses recursos e suportes para enriquecer sua prática de ensino, atender às necessidades dos alunos e aprimorar seu desenvolvimento profissional.

Conhecer o contexto educacional é essencial para os professores, pois fornece informações valiosas sobre os alunos, suas necessidades e desafios, permite a adequação do ensino, estabelece uma colaboração efetiva com os pais, orienta a prática de acordo com as políticas e diretrizes estabelecidas, e identifica os recursos e suportes disponíveis. Esse conhecimento contribui para uma prática de ensino mais eficaz e um ambiente

2 Conhecimento pedagógico do conteúdo em Física

O conhecimento pedagógico do conteúdo em Física refere-se ao conjunto de habilidades e compreensões específicas que os professores de Física possuem para ensinar esse campo da ciência de forma eficaz. Ele combina o conhecimento do conteúdo da Física com o conhecimento sobre como ensiná-lo de maneira apropriada aos alunos.

O conhecimento pedagógico do conteúdo em Física abrange os seguintes aspectos:

- *Conhecimento dos conceitos-chave*: Envolve uma compreensão aprofundada dos princípios fundamentais da Física, como mecânica, termodinâmica, eletromagnetismo, óptica, entre outros. Os professores devem ter um sólido domínio desses conceitos para poder explicá-los de forma clara e coerente aos alunos.
- *Conhecimento das estratégias de ensino*: Inclui a familiaridade com uma variedade de estratégias de ensino que podem ser usadas para transmitir os conceitos de Física aos alunos. Isso pode envolver o uso de experimentos práticos, simulações computacionais,

demonstrações, discussões em grupo, resolução de problemas e outras abordagens que tornam o aprendizado da Física mais envolvente e significativo.

- *Conhecimento sobre dificuldades de aprendizagem*: Os professores de Física devem estar cientes das dificuldades específicas que os alunos podem encontrar ao aprender conceitos físicos. Isso inclui identificar concepções errôneas comuns, entender as dificuldades de visualização e compreensão abstrata, e saber como abordar esses obstáculos de forma eficaz.
- *Conhecimento do currículo*: Os professores de Física devem estar cientes das diretrizes curriculares e dos objetivos de aprendizagem estabelecidos pelas autoridades educacionais. Isso envolve saber quais tópicos e habilidades devem ser abordados em cada nível educacional e como o conteúdo se conecta em uma sequência lógica de ensino.
- *Conhecimento de recursos e tecnologias*: Os professores devem estar atualizados sobre os recursos educacionais disponíveis, como livros didáticos,

materiais de laboratório, software de simulação, recursos online e tecnologias relacionadas à Física. Isso permite que eles enriqueçam as aulas e ofereçam experiências de aprendizagem mais envolventes aos alunos.

- *Conhecimento de avaliação*: Os professores de Física precisam conhecer e aplicar métodos adequados de avaliação do aprendizado dos alunos, como testes, trabalhos práticos, projetos e avaliações formativas. Isso os ajuda a monitorar o progresso dos alunos, identificar áreas de dificuldade e adaptar suas estratégias de ensino conforme necessário.

O conhecimento pedagógico do conteúdo em Física é essencial para que os professores proporcionem uma educação de qualidade nessa disciplina. Ao combinar seu conhecimento da Física com habilidades pedagógicas eficazes, eles podem ajudar os alunos a compreender e apreciar os princípios e fenômenos físicos, além de desenvolver habilidades científicas e um pensamento crítico.

2.1 Conhecimento dos conceitos-chave

Ter conhecimento dos conceitos-chave no ensino de Física é de extrema importância para os professores por várias razões:

- *Fundamentação teórica*: O conhecimento dos conceitos-chave permite que os professores compreendam profundamente os princípios fundamentais da Física. Isso inclui conceitos como cinemática, dinâmica, energia, eletricidade, óptica, termodinâmica, entre outros. Compreender esses conceitos é essencial para fornecer explicações claras e precisas aos alunos, ajudando-os a construir uma base sólida de conhecimento científico.
- *Planejamento de aulas*: O conhecimento dos conceitos-chave permite que os professores planejem suas aulas de forma estruturada e coerente. Eles podem identificar os conceitos essenciais que precisam ser abordados em cada unidade de ensino e organizar as atividades e recursos de maneira a promover a compreensão e aplicação desses conceitos pelos alunos. Isso ajuda a garantir que os alunos recebam uma educação abrangente e consistente em Física.

- *Explicação clara e eficaz*: Os professores com conhecimento dos conceitos-chave são capazes de explicar os princípios físicos de forma clara e compreensível para os alunos. Eles podem utilizar diferentes estratégias, exemplos e analogias para tornar os conceitos abstratos mais tangíveis e acessíveis aos alunos. Isso facilita a compreensão dos alunos e promove um aprendizado significativo.
- *Resolução de problemas*: A Física envolve a resolução de problemas e a aplicação dos conceitos em diferentes situações. Os professores com conhecimento dos conceitos-chave são capazes de auxiliar os alunos na resolução de problemas, orientando-os a identificar os princípios físicos relevantes e aplicá-los corretamente. Isso desenvolve as habilidades de pensamento crítico e resolução de problemas dos alunos.
- *Correção de concepções equivocadas*: Os alunos muitas vezes têm concepções prévias incorretas sobre conceitos físicos. Os professores com conhecimento dos conceitos-chave podem identificar e corrigir essas concepções equivocadas por meio de atividades, discussões e explicações apropriadas. Isso ajuda a eliminar mal-entendidos e a desenvolver uma

compreensão mais precisa e cientificamente correta dos princípios físicos.

- *Adaptação às necessidades dos alunos*: O conhecimento dos conceitos-chave permite que os professores adaptem sua instrução para atender às necessidades e características individuais dos alunos. Eles podem identificar as dificuldades específicas que os alunos enfrentam ao aprender certos conceitos e oferecer estratégias de apoio adequadas. Isso promove a aprendizagem diferenciada e ajuda os alunos a superar obstáculos no aprendizado da Física.

O conhecimento dos conceitos-chave no ensino de Física é essencial para os professores, pois fornece uma base sólida para a compreensão dos princípios físicos.

2.2 Conhecimento das estratégias de ensino

O conhecimento das estratégias de ensino no ensino de Física é essencial para os professores, pois ajuda a promover um aprendizado efetivo e significativo dos conceitos físicos. Aqui estão algumas estratégias de ensino que são frequentemente utilizadas no ensino de Física:

- *Ensino investigativo*: Essa abordagem envolve a exploração ativa dos alunos por meio de experimentos, atividades práticas, questionamentos e descobertas. Os alunos são incentivados a investigar fenômenos físicos, formular hipóteses, coletar dados e analisar resultados. Isso promove a compreensão dos conceitos físicos por meio da experimentação e da experiência direta.
- *Aprendizagem baseada em problemas*: Nessa abordagem, os alunos são apresentados a problemas do mundo real que exigem a aplicação de conceitos físicos para resolvê-los. Os alunos trabalham em grupos ou individualmente para identificar estratégias de solução, aplicar conceitos físicos relevantes e chegar a respostas ou soluções. Isso desenvolve habilidades de pensamento crítico, resolução de problemas e aplicação de conhecimento.
- *Aprendizagem cooperativa*: Essa estratégia envolve a organização dos alunos em grupos de trabalho colaborativo. Os alunos trabalham juntos para resolver problemas, realizar experimentos, discutir conceitos e construir conhecimento. Isso promove a aprendizagem social, a troca de ideias, a construção coletiva do

conhecimento e o desenvolvimento de habilidades de trabalho em equipe.

- *Uso de tecnologia*: A tecnologia pode ser uma ferramenta poderosa no ensino de Física. Os professores podem utilizar simulações interativas, softwares de modelagem, vídeos, aplicativos e recursos online para auxiliar na compreensão dos conceitos físicos. A tecnologia pode tornar os conceitos abstratos mais visuais e interativos, proporcionando uma experiência mais envolvente e facilitando a exploração de fenômenos complexos.
- *Abordagem contextualizada*: A Física pode ser ensinada de forma mais significativa quando os conceitos são apresentados em um contexto real e relevante para os alunos. Isso pode envolver a conexão dos conceitos com situações do cotidiano, problemas ambientais, aplicações tecnológicas ou avanços científicos. Ao contextualizar os conceitos, os alunos podem perceber a importância e a aplicação prática da Física em suas vidas.
- *Uso de analogias e metáforas*: As analogias e metáforas são estratégias eficazes para ajudar os alunos a compreender conceitos físicos abstratos. Os professores

podem utilizar exemplos e comparações que sejam familiares aos alunos, relacionando os conceitos físicos a algo que eles já conhecem. Isso ajuda a tornar os conceitos mais tangíveis e facilita a compreensão.

- *Metacognição*: A metacognição envolve a reflexão sobre o processo de aprendizagem. Os professores podem incentivar os alunos a pensar sobre suas próprias estratégias de aprendizagem, identificar dificuldades, estabelecer metas e monitorar seu progresso. Isso desenvolve a consciência dos alunos sobre sua própria aprendizagem, ajudando-os a se tornarem aprendizes autônomos
- *Demonstração*: As demonstrações permitem que os alunos vejam os conceitos físicos em ação. Os professores podem realizar experimentos, usar equipamentos e materiais para ilustrar princípios físicos e fenômenos. Isso ajuda os alunos a visualizar e compreender melhor os conceitos abstratos, tornando o aprendizado mais concreto e envolvente.
- *Experimentação*: A experimentação é uma estratégia eficaz para que os alunos descubram os princípios físicos por meio de atividades práticas. Os professores podem projetar experiências em que os alunos

manipulem variáveis, coletem dados e analisem resultados para tirar conclusões. Isso promove a investigação científica e o desenvolvimento das habilidades de pensamento crítico e resolução de problemas.

Além dessas estratégias, é importante que os professores usem uma variedade de recursos didáticos, como materiais manipuláveis, textos, imagens, gráficos e outros recursos visuais.

2.3 Conhecimento sobre dificuldades de aprendizagem

Ter conhecimento sobre as dificuldades de aprendizagem é fundamental para os professores, pois permite que eles identifiquem e apoiem os alunos que estão enfrentando desafios em seu processo de aprendizagem. Aqui estão algumas das principais dificuldades de aprendizagem que os professores podem encontrar:

- *Dislexia*: A dislexia é uma dificuldade específica na leitura e no processamento de palavras. Os alunos com dislexia podem ter dificuldades em reconhecer palavras, decodificar textos, compreender instruções escritas e desenvolver habilidades de escrita. Os professores podem oferecer estratégias de apoio, como uso de recursos audiovisuais, leitura em voz alta, uso de apoios visuais e técnicas de segmentação fonêmica.

- *Discalculia*: A discalculia é uma dificuldade específica na compreensão e manipulação de números. Os alunos com discalculia podem ter dificuldades em realizar operações matemáticas, entender conceitos numéricos e resolver problemas matemáticos. Os professores podem usar estratégias como o uso de materiais concretos, jogos de matemática, representações visuais e abordagens práticas para ajudar esses alunos a desenvolver suas habilidades matemáticas.
- *Transtorno do déficit de atenção e hiperatividade (TDAH)*: O TDAH é um transtorno que afeta a capacidade de concentração, controle impulsivo e organização. Os alunos com TDAH podem ter dificuldades em manter a atenção durante as aulas, seguir instruções, organizar seu trabalho e completar tarefas. Os professores podem implementar estratégias de sala de aula que envolvam a quebra de tarefas em partes menores, o uso de rotinas e lembretes visuais, e a incorporação de atividades práticas e estimulantes para ajudar esses alunos a se engajarem no aprendizado.

- *Transtorno do espectro autista (TEA)*: O TEA afeta a interação social, a comunicação e o comportamento dos indivíduos. Alunos com TEA podem apresentar dificuldades em compreender e expressar emoções, interpretar pistas sociais e se adaptar a mudanças. Os professores podem adotar estratégias de ensino que enfatizem a clareza e a consistência nas instruções, o uso de apoios visuais, a estruturação do ambiente e a promoção de interações sociais estruturadas para apoiar esses alunos.
- *Dificuldades de linguagem*: Alunos com dificuldades de linguagem podem ter dificuldades na compreensão e expressão oral, na leitura e na escrita. Os professores podem adaptar sua linguagem, fornecer apoios visuais, promover a leitura em voz alta e implementar atividades de compreensão e expressão oral para apoiar esses alunos. Também é importante envolver profissionais especializados, como fonoaudiólogos, para fornecer intervenção adicional, quando necessário.

As dificuldades de aprendizagem em Física podem variar de acordo com o aluno, mas existem alguns desafios comuns que os estudantes podem enfrentar ao aprender essa disciplina. Aqui estão algumas das dificuldades de aprendizagem em Física e algumas estratégias que os professores podem utilizar para ajudar os alunos a superá-las:

- *Abstração*: A Física lida com conceitos abstratos e teorias complexas que podem ser desafiadores para alguns alunos. Os professores podem tornar os conceitos mais concretos e acessíveis por meio de demonstrações práticas, exemplos do mundo real, simulações virtuais e visualizações gráficas. Isso ajuda os alunos a conectar os conceitos abstratos a situações reais e a compreendê-los de maneira mais concreta.
- *Matemática*: A Física envolve o uso de fórmulas, equações e cálculos matemáticos. Alunos com dificuldades em matemática podem enfrentar obstáculos ao aprender Física. Os professores podem oferecer apoio adicional, explicando os conceitos matemáticos relevantes, fornecendo exemplos detalhados, resolvendo problemas passo a passo e incentivando a prática regular de problemas matemáticos relacionados à Física.
- *Raciocínio lógico*: A Física exige habilidades de raciocínio lógico e dedutivo. Alguns alunos podem ter

dificuldades em conectar os princípios físicos e aplicá-los a diferentes situações. Os professores podem promover o desenvolvimento do raciocínio lógico, oferecendo problemas desafiadores que exijam a aplicação dos conceitos aprendidos, estimulando a discussão e o debate em sala de aula, e incentivando os alunos a explicarem e justificarem suas respostas e soluções.

- *Visualização espacial*: Muitos conceitos em Física envolvem a compreensão de relações espaciais e a visualização de fenômenos físicos. Alunos com dificuldades em visualização espacial podem ter dificuldade em compreender e representar mentalmente essas relações. Os professores podem utilizar recursos visuais, como diagramas, gráficos, modelos tridimensionais e simulações, para ajudar os alunos a visualizarem e compreenderem melhor os conceitos físicos.
- *Linguagem e vocabulário técnico*: A Física possui um vocabulário técnico específico que pode ser desafiador para os alunos. Os professores podem ajudar os alunos a desenvolverem familiaridade com os termos e conceitos da Física, fornecendo definições claras,

oferecendo oportunidades para o uso e a prática desses termos, e incentivando a leitura de textos científicos relacionados à Física.

- *Resolução de problemas*: A resolução de problemas é uma parte essencial do estudo da Física, mas muitos alunos podem encontrar dificuldades nessa área. Os professores podem ensinar estratégias de resolução de problemas, como identificar as informações dadas, estabelecer um plano de solução, aplicar os princípios físicos relevantes e verificar os resultados. Também é útil oferecer problemas progressivamente mais desafiadores

É importante que os professores estejam atentos a essas dificuldades de aprendizagem e busquem estratégias de ensino diferenciadas para atender às necessidades dos alunos.

A identificação precoce das dificuldades, o apoio individualizado e a oferta de recursos e atividades que abordem as dificuldades específicas podem ajudar os alunos a superarem os obstáculos e a desenvolverem um entendimento sólido dos conceitos físicos.

2.4 Conhecimento do currículo

O conhecimento do currículo no ensino de Física é de extrema importância para os professores por várias razões:

- *Orientação do ensino*: O currículo serve como um guia para o que deve ser ensinado em cada nível de ensino. O conhecimento do currículo permite que os professores saibam quais são os objetivos de aprendizagem, os conteúdos a serem abordados e as habilidades que os alunos devem desenvolver. Isso orienta o planejamento das aulas, ajudando os professores a organizar o conteúdo e as atividades de forma coerente e sequencial.
- *Alinhamento com os padrões educacionais*: O conhecimento do currículo permite que os professores estejam alinhados com os padrões educacionais estabelecidos pelo sistema educacional. Eles podem identificar quais são os padrões específicos de Física que os alunos devem alcançar em cada nível de ensino e garantir que suas práticas de ensino estejam alinhadas a esses padrões. Isso ajuda a promover a qualidade e a consistência do ensino.

- *Progressão do aprendizado*: O currículo é projetado para fornecer uma progressão lógica e sequencial do aprendizado. O conhecimento do currículo permite que os professores compreendam a progressão dos conceitos físicos ao longo dos anos escolares e planejem suas aulas levando em consideração essa progressão. Eles podem construir sobre os conhecimentos prévios dos alunos, revisar conceitos fundamentais e introduzir novos conceitos de forma gradual, garantindo uma base sólida e contínua de aprendizagem.
- *Avaliação do aprendizado*: O currículo fornece diretrizes sobre como avaliar o progresso e o desempenho dos alunos. O conhecimento do currículo permite que os professores escolham as estratégias e instrumentos de avaliação adequados para verificar se os alunos estão atingindo os objetivos de aprendizagem estabelecidos. Eles podem desenvolver avaliações formativas e somativas que reflitam os conteúdos e habilidades específicos do currículo, fornecendo um feedback valioso aos alunos sobre seu aprendizado.
- *Identificação de lacunas de aprendizagem*: Ao conhecer o currículo, os professores podem identificar

lacunas de aprendizagem nos alunos. Eles podem comparar o progresso dos alunos em relação aos objetivos de aprendizagem e identificar áreas em que os alunos estão encontrando dificuldades. Isso permite que os professores ajustem sua instrução, forneçam apoio adicional e implementem estratégias de intervenção para preencher essas lacunas e ajudar os alunos a alcançarem o sucesso acadêmico.

O conhecimento do currículo no ensino de Física é essencial para os professores, pois fornece uma orientação clara sobre o que deve ser ensinado, ajuda na progressão do aprendizado, orienta a avaliação do progresso dos alunos e permite a identificação de lacunas de aprendizagem.

Ele fornece um arcabouço sólido para o planejamento e a implementação das aulas, contribuindo para um ensino eficaz e alinhado aos padrões educacionais.

2.5 Conhecimento de recursos e tecnologias

O conhecimento de recursos e tecnologias para o ensino de Física é extremamente importante para os professores, pois eles podem enriquecer o processo de ensino-aprendizagem, tornando-o mais dinâmico, envolvente e eficaz. Aqui estão alguns exemplos de recursos e tecnologias que podem ser utilizados no ensino de Física:

- *Simulações e experimentos virtuais*: Existem várias simulações e experimentos virtuais disponíveis online que permitem aos alunos explorar fenômenos físicos e realizar experimentos em um ambiente virtual. Essas ferramentas permitem que os alunos testem hipóteses, manipulem variáveis e observem os resultados de forma interativa e segura. Além disso, eles podem ajudar os alunos a compreender conceitos abstratos e complexos através de representações visuais e interativas.
- *Aplicativos e softwares educacionais*: Existem aplicativos e softwares educacionais desenvolvidos especificamente para o ensino de Física. Essas ferramentas podem oferecer recursos interativos, exercícios, tutoriais, animações e vídeos que ajudam os alunos a compreender conceitos físicos de maneira mais

envolvente e prática. Alguns exemplos populares incluem simuladores de circuitos, programas de análise de movimento e aplicativos para estudo de ondas eletromagnéticas.

- *Laboratórios virtuais*: Os laboratórios virtuais são ambientes online que permitem que os alunos realizem experimentos simulados em Física. Essas plataformas fornecem conjuntos de ferramentas e equipamentos virtuais que os alunos podem usar para coletar dados, realizar análises e tirar conclusões. Os laboratórios virtuais permitem que os alunos experimentem uma abordagem prática da Física, mesmo quando o acesso a laboratórios reais é limitado.
- *Recursos audiovisuais*: Vídeos, animações e gráficos podem ser utilizados para explicar conceitos físicos de forma visual e atrativa. Existem várias plataformas online, como o YouTube e sites educacionais, que oferecem uma ampla gama de vídeos educativos sobre tópicos de Física. Os professores podem utilizar esses recursos para ilustrar fenômenos físicos, realizar demonstrações virtuais e reforçar os conceitos abordados em sala de aula.

- *Dispositivos móveis*: Os dispositivos móveis, como smartphones e tablets, podem ser utilizados como ferramentas educacionais no ensino de Física. Existem aplicativos e jogos interativos que oferecem oportunidades de aprendizagem em Física, permitindo que os alunos explorem conceitos e resolvam problemas de forma lúdica e interativa. Além disso, os dispositivos móveis podem ser usados para acessar recursos online, realizar pesquisas e colaborar em projetos de Física.

É importante ressaltar que o uso desses recursos e tecnologias deve ser cuidadosamente planejado e integrado ao currículo de Física, de forma a complementar e enriquecer as atividades de ensino, e não substituí-las.

2.6 Conhecimento de avaliação

O conhecimento de avaliação é fundamental para os professores, pois a avaliação desempenha um papel importante no processo de ensino-aprendizagem. Aqui estão alguns aspectos importantes do conhecimento de avaliação:

- *Objetivos da avaliação*: Os professores devem entender os objetivos da avaliação, ou seja, o que desejam alcançar por meio da avaliação. Isso inclui verificar o progresso e o desempenho dos alunos, identificar suas necessidades e dificuldades de aprendizagem, fornecer feedback construtivo, promover o desenvolvimento de habilidades e competências, e tomar decisões instrucionais adequadas.

- *Tipos de avaliação*: Os professores devem estar familiarizados com diferentes tipos de avaliação, como avaliação formativa e somativa. A avaliação formativa ocorre durante o processo de ensino e visa monitorar o progresso dos alunos, identificar áreas de dificuldade e fornecer feedback para orientar a instrução. A avaliação somativa ocorre no final de um período de aprendizagem e visa avaliar o desempenho geral dos alunos.
- *Instrumentos de avaliação*: Os professores devem conhecer uma variedade de instrumentos de avaliação, como provas escritas, questionários, projetos, apresentações orais, trabalhos em grupo, portfólios e observação direta. Cada instrumento tem suas vantagens e desvantagens, e os professores devem selecionar aqueles mais adequados para avaliar os diferentes aspectos do aprendizado dos alunos.

- *Critérios de avaliação*: Os professores devem estabelecer critérios claros e objetivos para avaliar o desempenho dos alunos. Esses critérios devem estar alinhados com os objetivos de aprendizagem e descrever as características desejadas em relação ao conhecimento, habilidades, atitudes e competências dos alunos. Os critérios de avaliação ajudam a garantir a consistência e a equidade na avaliação dos alunos.
- *Feedback aos alunos*: Os professores devem ser capazes de fornecer feedback efetivo e construtivo aos alunos. O feedback deve ser específico, relacionado aos critérios de avaliação, e oferecer sugestões para a melhoria do desempenho. Além disso, o feedback deve ser oportuno, fornecido durante o processo de aprendizagem para que os alunos possam agir sobre ele e melhorar seu desempenho.
- *Uso dos resultados da avaliação*: Os professores devem ser capazes de usar os resultados da avaliação para tomar decisões instrucionais. Isso inclui identificar necessidades de reforço ou aprofundamento, planejar atividades de ensino adicionais, fornecer suporte individualizado aos alunos, adaptar estratégias de ensino, e ajustar o ritmo e a sequência do currículo. Os

resultados da avaliação também podem ser usados para fornecer feedback aos alunos e envolvê-los ativamente em seu próprio processo de aprendizagem.

O conhecimento de avaliação é fundamental para os professores, pois lhes permite planejar e implementar avaliações adequadas, fornecer feedback efetivo, usar os resultados da avaliação para orientar a instrução e promover o crescimento e o desenvolvimento dos alunos.

3 Conhecimento pedagógico aplicado a Cinemática

Ao ensinar cinemática, que é o estudo do movimento dos corpos sem levar em consideração as causas do movimento, é importante que o professor tenha conhecimentos pedagógicos específicos. Alguns desses conhecimentos incluem:

- *Conhecimento dos conceitos*: O professor deve ter um conhecimento aprofundado dos conceitos fundamentais da cinemática, como deslocamento, velocidade, aceleração, tempo e distância. Isso inclui compreender as definições, fórmulas e relações entre esses conceitos.

- *Sequenciamento do conteúdo*: O professor deve planejar e organizar os conceitos da cinemática de forma sequencial, considerando a progressão do simples para o complexo. Isso permite que os alunos construam uma compreensão gradual e sólida dos conceitos e suas aplicações.
- *Estratégias de ensino*: O professor deve selecionar e utilizar estratégias de ensino adequadas para facilitar a compreensão dos conceitos de cinemática. Isso pode incluir o uso de exemplos práticos, atividades experimentais, demonstrações, simulações, vídeos e recursos visuais para ilustrar os princípios da cinemática.
- *Abordagem contextualizada*: O professor deve relacionar os conceitos de cinemática a situações do mundo real ou do cotidiano dos alunos. Isso ajuda os alunos a entender a relevância e a aplicabilidade dos conceitos e a desenvolver uma conexão mais significativa com o conteúdo.

- *Resolução de problemas*: O professor deve ensinar estratégias de resolução de problemas em cinemática, auxiliando os alunos a aplicar os conceitos aprendidos para resolver diferentes tipos de problemas. Isso envolve o fornecimento de orientação, modelagem de resolução de problemas e incentivo à prática independente.
- *Diagnóstico de dificuldades*: O professor deve estar atento às dificuldades específicas que os alunos possam enfrentar ao aprender cinemática e ser capaz de identificar e diagnosticar essas dificuldades. Isso permite que o professor forneça suporte adicional e adapte sua instrução para atender às necessidades individuais dos alunos.
- *Uso de tecnologia*: O professor pode incorporar o uso de recursos tecnológicos, como softwares de simulação, aplicativos e recursos online, para auxiliar no ensino e aprendizagem da cinemática. Essas ferramentas podem proporcionar aos alunos uma

experiência interativa e visualmente estimulante, facilitando a compreensão dos conceitos.

- *Avaliação do aprendizado*: O professor deve utilizar estratégias de avaliação adequadas para verificar o entendimento dos alunos em relação à cinemática. Isso pode incluir testes, questões de múltipla escolha, problemas práticos, projetos e discussões em grupo. A avaliação deve ser contínua e formativa, permitindo que o professor identifique áreas de dificuldade e forneça feedback aos alunos para promover seu progresso.

Esses conhecimentos pedagógicos ajudam o professor a planejar e implementar estratégias de ensino eficazes para o ensino de cinemática, promovendo uma compreensão sólida e significativa do conteúdo pelos alunos.

3.1 Temas que podem ser abordados em planos de aula baseados em assuntos de cinemática

- *Deslocamento e velocidade média*: Explorar os conceitos de deslocamento e velocidade média, suas fórmulas e como calculá-los. Os alunos podem realizar atividades práticas para medir deslocamentos e calcular velocidades médias em diferentes contextos.
- *Movimento uniforme*: Introduzir o conceito de movimento uniforme, caracterizado por uma velocidade constante. Os alunos podem analisar exemplos de movimento uniforme, calcular distâncias percorridas e tempos necessários para chegar a determinados destinos.
- *Aceleração*: Abordar o conceito de aceleração, sua definição e fórmula. Os alunos podem investigar as diferentes situações em que ocorre aceleração e calcular valores de aceleração em diferentes contextos, como movimento acelerado e retardado.

- *Movimento em duas dimensões*: Explorar o movimento em duas dimensões, incluindo o lançamento oblíquo. Os alunos podem analisar trajetórias, calcular alcances e alturas máximas, e entender a influência da velocidade e ângulo de lançamento.
- *Gráficos de movimento*: Introduzir a representação gráfica do movimento, incluindo gráficos de posição-tempo e velocidade-tempo. Os alunos podem aprender a interpretar e desenhar esses gráficos, identificando padrões e relações entre as grandezas físicas.
- *Equações do movimento*: Apresentar as equações do movimento para o movimento retilíneo uniformemente variado (MRUV). Os alunos podem resolver problemas aplicando essas equações e compreendendo as relações entre deslocamento, velocidade inicial, velocidade final, aceleração e tempo.
- *Colisões*: Explorar o conceito de colisões e suas características. Os alunos podem analisar diferentes

tipos de colisões, calcular velocidades finais e estudar a conservação da quantidade de movimento.

- *Aplicações da cinemática*: Discutir aplicações práticas da cinemática em situações do cotidiano ou em outras áreas, como esportes, transporte, engenharia e astronomia. Os alunos podem investigar como os princípios da cinemática são usados em diferentes contextos e realizar pesquisas sobre essas aplicações.

Esses temas podem servir como ponto de partida para a elaboração de planos de aula sobre cinemática. É importante adaptar os conteúdos e atividades de acordo com o nível de conhecimento dos alunos e seus interesses, tornando as aulas mais envolventes e significativas.

3.1.1 Teoria pedagógica que pode ser utilizada para fundamentar o ensino de velocidade média

Uma teoria pedagógica que pode ser utilizada para fundamentar o ensino de velocidade média é a Teoria Construtivista. O construtivismo, desenvolvido por teóricos como Jean Piaget e Lev Vygotsky, postula que os alunos constroem ativamente seu conhecimento por meio da interação com o ambiente e da construção de significados pessoais.

Ao aplicar os princípios construtivistas no ensino de velocidade média, o professor pode adotar as seguintes abordagens:

- *Aprendizagem significativa*: O professor pode fornecer situações de aprendizagem que permitam aos alunos estabelecer conexões entre a velocidade média e suas experiências cotidianas. Isso envolve criar contextos significativos em que os alunos possam aplicar o conceito de velocidade média, como a análise de trajetos de deslocamento em diferentes situações.
- *Atividades práticas*: Propor atividades práticas, como experimentos, simulações ou problemas do mundo real, que exijam que os alunos apliquem o conceito de velocidade média para resolver problemas. Essas atividades permitem que os alunos vivenciem a construção do conhecimento e vejam a relevância do conceito na prática.

- *Colaboração entre pares*: Promover a colaboração entre os alunos, incentivando-os a discutir e compartilhar suas ideias e compreensões sobre velocidade média. Isso pode ser feito por meio de discussões em grupo, trabalho em equipe ou resolução conjunta de problemas, permitindo que os alunos construam conhecimento coletivamente.
- *Reflexão metacognitiva*: Estimular a reflexão metacognitiva, levando os alunos a refletir sobre seu próprio processo de aprendizagem e compreensão da velocidade média. Os alunos podem ser incentivados a pensar sobre como eles chegaram às suas respostas, quais estratégias utilizaram e como poderiam melhorar sua compreensão do conceito.
- *Uso de recursos variados*: Utilizar diferentes recursos, como textos, vídeos, animações, gráficos ou aplicativos interativos, para apresentar o conceito de velocidade média de maneiras diferentes. Isso proporciona aos alunos múltiplas representações do conceito, permitindo que eles construam uma compreensão mais completa.

Ao adotar a abordagem construtivista, o professor reconhece que os alunos são ativos na construção do conhecimento e busca um ambiente de aprendizagem que promova a exploração, a reflexão e a construção do conceito de velocidade média de forma significativa para os alunos.

4 Conhecimento pedagógico aplicado a Dinâmica

O conhecimento pedagógico aplicado à Dinâmica envolve habilidades e competências específicas para ensinar esse ramo da física de forma eficaz. Aqui estão alguns aspectos do conhecimento pedagógico que podem ser aplicados à Dinâmica:

- *Domínio dos conceitos*: Os professores devem ter um domínio sólido dos conceitos fundamentais da Dinâmica, como leis de Newton, força, massa, aceleração, momento linear, impulso, conservação da quantidade de movimento, entre outros. Isso inclui compreender as definições, as fórmulas e as relações entre esses conceitos.

- *Sequenciamento do ensino*: Os professores devem ser capazes de organizar o conteúdo de Dinâmica em uma sequência lógica e progressiva. Isso envolve identificar os pré-requisitos necessários para a compreensão de cada conceito, planejar a progressão do mais simples para o mais complexo e estruturar as atividades de aprendizagem de acordo com esse sequenciamento.
- *Estratégias de ensino*: Os professores devem estar familiarizados com uma variedade de estratégias de ensino que sejam adequadas para o ensino da Dinâmica. Isso pode incluir atividades práticas, demonstrações, experimentos, resolução de problemas, simulações, uso de tecnologias educacionais, entre outros métodos. O uso de diferentes estratégias permite abordar os conceitos de maneiras diversas, tornando a aprendizagem mais engajante e significativa para os alunos.
- *Identificação de dificuldades de aprendizagem*: Os professores devem estar atentos às dificuldades de aprendizagem que os alunos possam enfrentar ao

estudar Dinâmica. Isso requer a capacidade de identificar os conceitos ou habilidades que são mais desafiadores para os alunos, compreender as possíveis origens dessas dificuldades e planejar intervenções pedagógicas adequadas para superá-las. Pode ser necessário utilizar estratégias de diferenciação e adaptação do ensino para atender às necessidades individuais dos alunos.

- *Relacionamento com aplicações práticas*: Os professores devem ser capazes de conectar os conceitos de Dinâmica a situações do mundo real e a aplicações práticas. Isso envolve fornecer exemplos concretos de como as leis de Newton e os princípios da Dinâmica são aplicados em áreas como engenharia, mecânica, esportes, transporte, entre outros. O conhecimento de aplicações práticas ajuda a motivar os alunos, mostrando a relevância e a utilidade dos conceitos estudados.
- *Avaliação da aprendizagem*: Os professores devem ser capazes de avaliar a compreensão dos alunos em relação aos conceitos de Dinâmica. Isso pode ser feito

por meio de avaliações formativas, como perguntas orais, discussões em sala de aula, atividades práticas e resolução de problemas, bem como avaliações sumativas, como testes e provas. A avaliação deve ser alinhada aos objetivos de aprendizagem e abordar diferentes aspectos da Dinâmica, desde a compreensão conceitual até a aplicação dos princípios em situações práticas.

4.1 Temas que podem ser abordados em planos de aula baseados em assuntos de dinâmica:

- *Força e leis de Newton*: Introduzir as leis de Newton e discutir o conceito de força. Os alunos podem explorar as três leis de Newton e aplicá-las em diferentes situações, como o movimento de objetos em repouso e em movimento.
- *Força resultante e equilíbrio*: Explorar o conceito de força resultante e discutir as condições para o equilíbrio de um objeto. Os alunos podem realizar atividades práticas para identificar forças resultantes e analisar objetos em equilíbrio estático.

- *Atrito*: Abordar o atrito como uma força que se opõe ao movimento. Os alunos podem investigar as diferentes formas de atrito, calcular sua magnitude e explorar como ele afeta o movimento de objetos.
- *Força peso e gravidade*: Discutir a força peso como resultado da atração gravitacional da Terra. Os alunos podem calcular a força peso em diferentes objetos e explorar sua relação com a massa e a aceleração da gravidade.
- *Forças em movimento circular*: Explorar as forças envolvidas no movimento circular, como a força centrípeta e a força centrífuga. Os alunos podem analisar exemplos de movimento circular e compreender as relações entre a velocidade, o raio da trajetória e a força centrípeta.
- *Conservação do momento linear*: Introduzir o princípio da conservação do momento linear. Os alunos podem investigar colisões e calcular o momento linear antes e depois das colisões, verificando a conservação da quantidade de movimento.

- *Aplicações da dinâmica*: Discutir aplicações práticas da dinâmica em situações do cotidiano ou em outras áreas, como engenharia, transporte e esportes. Os alunos podem pesquisar e apresentar exemplos de como os princípios da dinâmica são aplicados em diferentes contextos.
- *Resolução de problemas de dinâmica*: Fornecer aos alunos problemas práticos envolvendo conceitos de dinâmica. Eles podem aplicar as leis de Newton, calcular forças resultantes e resolver equações para determinar o movimento de objetos em diferentes situações.

Lembre-se de adaptar os temas e atividades de acordo com o nível de conhecimento e interesse dos alunos, tornando as aulas mais envolventes e relevantes para eles.

4.1.1 Teoria pedagógica que pode ser utilizada para fundamentar o ensino de Força peso e gravidade

Uma teoria pedagógica que pode ser utilizada para fundamentar o ensino de Força peso e gravidade é a Aprendizagem Significativa de David Ausubel. Essa teoria destaca a importância de relacionar novos conceitos a conhecimentos prévios dos alunos, tornando a aprendizagem mais significativa e duradoura.

Ao aplicar os princípios da Aprendizagem Significativa no ensino de Força peso e gravidade, o professor pode adotar as seguintes abordagens:

- *Organização do conteúdo*: O professor deve organizar

  o conteúdo de forma lógica e sequencial, fornecendo uma estrutura clara para a compreensão da relação entre força peso e gravidade. Isso envolve estabelecer conexões entre conceitos prévios dos alunos, como massa e atração gravitacional.
- *Ativação de conhecimentos prévios*: Iniciar a

  aprendizagem relacionando o novo conceito de força peso à experiência e conhecimento prévio dos alunos sobre a gravidade. O professor pode iniciar a aula com perguntas, discussões ou atividades que levem os alunos a refletir sobre a influência da gravidade em suas vidas diárias.

- *Uso de analogias e exemplos concretos*: Utilizar analogias ou exemplos concretos para ilustrar a relação entre força peso e gravidade. Por exemplo, comparar a sensação de peso em diferentes planetas ou objetos em queda livre para ajudar os alunos a compreender a influência da gravidade na força peso.
- *Relacionamento com situações reais*: Apresentar situações reais em que a força peso e a gravidade desempenham um papel importante, como o movimento de objetos em queda livre ou o cálculo do peso de um corpo em diferentes planetas. Isso permite que os alunos vejam a aplicação prática do conceito e construam uma compreensão mais significativa.
- *Atividades práticas e experimentais*: Propor atividades práticas e experimentais que permitam aos alunos explorar a relação entre força peso e gravidade. Isso pode incluir a medição de pesos em diferentes locais, a observação do movimento de objetos em queda livre ou a realização de experimentos para investigar a influência da massa na força peso.

- *Reflexão e discussão*: Estimular a reflexão e a discussão entre os alunos sobre a relação entre força peso e gravidade. Os alunos podem compartilhar suas ideias, fazer perguntas e explicar seus entendimentos para promover a construção coletiva do conhecimento.

Ao utilizar a abordagem da Aprendizagem Significativa, o professor busca relacionar o novo conceito de força peso aos conhecimentos prévios dos alunos sobre a gravidade, promovendo uma compreensão mais profunda e significativa do tema. Isso permite que os alunos vejam a relevância do conceito em suas vidas e desenvolvam uma compreensão duradoura sobre a relação entre força peso e

5 Conhecimento pedagógico aplicado a Estática

O conhecimento pedagógico aplicado à Estática envolve uma série de elementos que os professores devem dominar para ensinar de forma eficaz esse ramo da física. Aqui estão alguns aspectos do conhecimento pedagógico que podem ser aplicados à Estática:

- Conhecimento dos conceitos: Os professores precisam ter um domínio sólido dos conceitos fundamentais da Estática, como equilíbrio de corpos rígidos, momento de uma força, centro de gravidade, condições de equilíbrio, alavancas, entre outros. Isso inclui compreender as definições, as fórmulas e as relações entre esses conceitos.
- Sequenciamento do ensino: Os professores devem ser capazes de organizar o conteúdo de Estática em uma sequência lógica e progressiva. Isso envolve identificar os pré-requisitos necessários para a compreensão de cada conceito, planejar a progressão do mais simples para o mais complexo e estruturar as atividades de aprendizagem de acordo com esse sequenciamento.
- Estratégias de ensino: Os professores devem estar familiarizados com uma variedade de estratégias de ensino que sejam adequadas para o ensino da Estática. Isso pode incluir atividades práticas, demonstrações, experimentos, resolução de problemas, uso de tecnologias educacionais, discussões em grupo, entre

outros métodos. O uso de diferentes estratégias permite abordar os conceitos de maneiras diversas, tornando a aprendizagem mais engajante e significativa para os alunos.

- Identificação de dificuldades de aprendizagem: Os professores devem estar atentos às dificuldades de aprendizagem que os alunos possam enfrentar ao estudar Estática. Isso requer a capacidade de identificar os conceitos ou habilidades que são mais desafiadores para os alunos, compreender as possíveis origens dessas dificuldades e planejar intervenções pedagógicas adequadas para superá-las. Pode ser necessário utilizar estratégias de diferenciação e adaptação do ensino para atender às necessidades individuais dos alunos.
- Relacionamento com aplicações práticas: Os professores devem ser capazes de conectar os conceitos de Estática a situações do mundo real e a aplicações práticas. Isso envolve exemplos concretos de como os princípios da Estática são aplicados em áreas como engenharia, arquitetura, design, construção civil, entre outros. O conhecimento de aplicações práticas ajuda a

motivar os alunos, mostrando a relevância e a utilidade dos conceitos estudados.

- Avaliação da aprendizagem: Os professores devem ser capazes de avaliar a compreensão dos alunos em relação aos conceitos de Estática. Isso pode ser feito por meio de avaliações formativas, como perguntas orais, discussões em sala de aula, atividades práticas e resolução de problemas, bem como avaliações sumativas, como testes e provas. A avaliação deve ser alinhada aos objetivos de aprendizagem e abordar diferentes aspectos da Estática, desde a compreensão conceitual até a aplicação dos princípios em situações práticas.

5.1 Temas que podem ser abordados em planos de aula baseados em assuntos de estática:

- Equilíbrio de corpos rígidos: Introduzir o conceito de equilíbrio estático e discutir as condições para que um corpo rígido esteja em equilíbrio. Os alunos podem realizar atividades práticas para explorar e verificar as condições de equilíbrio, como o uso de balanças e o equilíbrio de objetos em diferentes posições.

- Momento de uma força (torque): Abordar o conceito de momento de uma força e como ele influencia o equilíbrio de um corpo rígido. Os alunos podem realizar atividades práticas para explorar a relação entre a força aplicada, a distância ao ponto de rotação e o momento resultante.
- Alavancas: Investigar o funcionamento das alavancas e sua relação com o equilíbrio. Os alunos podem construir e experimentar com diferentes tipos de alavancas para compreender os princípios envolvidos, como o braço de força, o braço de resistência e o ponto de apoio.
- Centro de gravidade: Explorar o conceito de centro de gravidade e sua importância no equilíbrio de corpos. Os alunos podem realizar atividades práticas para determinar o centro de gravidade de objetos irregulares e entender como sua posição afeta o equilíbrio.

- Equilíbrio de estruturas: Estudar o equilíbrio de estruturas estáticas, como pontes, torres ou arcos. Os alunos podem analisar as forças envolvidas e projetar estruturas estáveis que resistam a diferentes cargas.
- Momento de uma força resultante: Abordar o momento de uma força resultante em relação a um ponto de referência. Os alunos podem resolver problemas envolvendo o cálculo do momento de uma força resultante em diferentes situações, aplicando as condições de equilíbrio estático.
- Aplicações práticas da estática: Discutir aplicações práticas da estática em situações do cotidiano ou em outras áreas, como a arquitetura, a engenharia civil e o design de estruturas. Os alunos podem pesquisar e apresentar exemplos de como os princípios da estática são aplicados em diferentes contextos.
- Resolução de problemas de estática: Propor problemas práticos envolvendo a estática de corpos rígidos. Os alunos podem aplicar as condições de equilíbrio

estático, calcular momentos de força e determinar as forças necessárias para manter um corpo em equilíbrio.

Esses temas podem ser adaptados de acordo com o nível de conhecimento e interesse dos alunos, tornando as aulas mais interativas e significativas. É importante incentivar a participação ativa dos alunos, por meio de discussões, atividades práticas e resolução de problemas, para promover a compreensão dos conceitos de estática.

5.1.1 Teoria pedagógica que pode ser utilizada para fundamentar o ensino de forças em movimentos circulares

Uma teoria pedagógica que pode ser utilizada para fundamentar o ensino de forças em movimentos circulares é a Teoria da Aprendizagem Significativa de David Ausubel.

A Teoria da Aprendizagem Significativa defende que a aprendizagem é mais efetiva quando os novos conceitos são relacionados de forma substantiva com o conhecimento prévio do aluno. Nesse sentido, ao ensinar forças em movimentos circulares, é importante estabelecer conexões com os conhecimentos que os alunos já possuem sobre forças, movimento e dinâmica. Para aplicar essa teoria pedagógica, os professores podem utilizar estratégias como:

- Ativar conhecimentos prévios: Iniciar a aula fazendo perguntas ou promovendo discussões para identificar o que os alunos já sabem sobre forças e movimentos circulares. Isso permite criar uma base sólida para a construção de novos conceitos.
- Construir pontes entre conceitos: Estabelecer conexões entre os conceitos de forças, movimento circular e outros conhecimentos prévios dos alunos. Por exemplo, relacionar o movimento circular com a velocidade angular, a aceleração centrípeta com as forças resultantes e o conceito de inércia com o movimento circular uniforme.
- Utilizar exemplos concretos: Apresentar exemplos concretos de movimentos circulares e identificar as forças envolvidas. Pode-se utilizar objetos em movimento circular, como carrosséis, pêndulos ou veículos em curvas, para ilustrar a atuação das forças e tornar o aprendizado mais significativo.
- Promover atividades práticas: Propor atividades práticas em que os alunos possam experimentar e

observar as forças em movimentos circulares. Por exemplo, realizar experimentos com fios e massas, simulações computacionais ou projetos de construção de brinquedos que envolvam movimentos circulares.

- Estimular a reflexão e a resolução de problemas: Propor questões e problemas que exijam dos alunos a aplicação dos conceitos de forças em movimentos circulares. Isso estimula a reflexão, a análise crítica e o raciocínio lógico dos alunos, levando-os a construir significados mais profundos sobre o tema.
- Realizar discussões em grupo: Promover discussões em grupo em que os alunos possam compartilhar suas ideias, debater conceitos e construir conhecimento de forma colaborativa. Essa abordagem favorece a troca de experiências e perspectivas, enriquecendo o processo de aprendizagem.

A aplicação da Teoria da Aprendizagem Significativa no ensino de forças em movimentos circulares contribui para que os alunos construam uma compreensão mais sólida e duradoura sobre o tema, relacionando-o de forma significativa com seu conhecimento prévio e tornando-o mais relevante para sua vida e experiências.

6 Conhecimento pedagógico aplicado à gravitação

O conhecimento pedagógico aplicado à gravitação refere-se ao entendimento e à forma como os princípios da gravitação são ensinados aos estudantes. A gravitação é uma área da física que estuda a atração mútua entre corpos devido à sua massa e é uma parte fundamental do currículo de ciências, geralmente abordada em cursos de física no ensino médio e superior.

Ao aplicar o conhecimento pedagógico à gravitação, é importante considerar alguns aspectos:

- *Sequência didática*: Planejar uma sequência de ensino

  que leve em consideração a progressão dos conceitos da gravitação, desde os princípios básicos até aplicações mais avançadas. Isso pode envolver a construção de modelos conceituais, atividades práticas e experimentos para consolidar a compreensão dos estudantes.

- *Linguagem acessível*: Utilizar uma linguagem adequada ao nível de compreensão dos estudantes, evitando jargões e terminologia complexa. É importante tornar os conceitos da gravitação acessíveis e relacioná-los a situações do cotidiano, para facilitar a compreensão dos estudantes.
- *Uso de recursos visuais*: Utilizar recursos visuais, como gráficos, ilustrações e vídeos, para ajudar os estudantes a visualizarem os conceitos da gravitação. Isso pode incluir representações de órbitas planetárias, forças gravitacionais e leis de Kepler, por exemplo.
- *Atividades práticas*: Incluir atividades práticas e experimentos para permitir que os estudantes explorem a gravitação de forma concreta. Isso pode envolver a construção de modelos de planetas, simulações computacionais ou até mesmo a observação de fenômenos astronômicos.
- *Contextualização*: Contextualizar os conceitos da gravitação em situações reais e relevantes. Por exemplo, discutir a importância da gravitação na

formação dos sistemas solares, na previsão de órbitas de satélites artificiais ou até mesmo em questões relacionadas à gravidade em outros planetas.

- *Avaliação formativa*: Realizar uma avaliação contínua e formativa, utilizando diferentes estratégias, como questionários, exercícios práticos e discussões em grupo, para verificar o nível de compreensão dos estudantes e identificar possíveis lacunas no aprendizado.

Ao aplicar o conhecimento pedagógico à gravitação, o objetivo é promover uma aprendizagem significativa, estimulando a curiosidade e o interesse dos estudantes pela física e incentivando o desenvolvimento de habilidades de pensamento crítico e resolução de problemas.

6.1 Temas que podem ser abordados em planos de aula baseados em assuntos de gravitação

Existem diversos temas relacionados à gravitação que podem ser abordados em planos de aula. Aqui estão algumas sugestões:

- *Leis de Newton e a gravitação*: Explorar as leis do movimento de Newton, especialmente a Lei da Gravitação Universal, que descreve a força gravitacional entre dois corpos. Discutir a relação entre massa, distância e força gravitacional.
- *Órbitas e satélites*: Investigar as órbitas dos corpos celestes, incluindo a órbita da Terra ao redor do Sol, a Lua ao redor da Terra e os satélites artificiais. Compreender os conceitos de velocidade orbital, gravidade e força centrípeta.
- *Leis de Kepler*: Estudar as leis do movimento planetário de Kepler, que descrevem as órbitas elípticas dos planetas em torno do Sol. Explorar a relação entre o período orbital, a distância média ao Sol e as características das órbitas.

- *Efeitos da gravidade*: Analisar os efeitos da gravidade em diferentes objetos e situações, como a queda livre, a aceleração da gravidade e a influência da gravidade em outros planetas. Realizar experimentos para medir a aceleração da gravidade local.
- *Relatividade e gravitação*: Introduzir os conceitos básicos da teoria da relatividade de Einstein e sua relação com a gravidade. Discutir a curvatura do espaço-tempo e como a presença de massa afeta o espaço ao seu redor.
- *Exploração espacial*: Investigar a importância da gravitação na exploração espacial. Abordar tópicos como lançamento de foguetes, órbitas geoestacionárias, reentradas atmosféricas e os desafios da exploração espacial devido à gravidade.
- *Problemas de aplicação*: Propor problemas e exercícios que envolvam a aplicação dos princípios da gravitação em situações do mundo real. Isso pode incluir cálculos de força gravitacional, determinação de órbitas, previsões de satélites e análise de dados astronômicos.

Esses são apenas alguns exemplos de temas que podem ser abordados em planos de aula sobre gravitação. É importante adaptar o conteúdo ao nível de conhecimento e idade dos estudantes, utilizando atividades práticas, demonstrações visuais e discussões para promover uma compreensão aprofundada dos conceitos.

6.1.1 Teoria pedagógica que pode ser utilizada para fundamentar o ensino de efeitos da gravidade

Uma teoria pedagógica que pode ser utilizada para fundamentar o ensino dos efeitos da gravidade é a Aprendizagem Significativa, proposta por David Ausubel. Essa teoria enfatiza a importância de relacionar novos conhecimentos aos conhecimentos prévios dos estudantes, buscando estabelecer conexões significativas entre os conceitos.

No contexto do ensino dos efeitos da gravidade, a Aprendizagem Significativa sugere que os educadores devem partir dos conhecimentos prévios dos estudantes sobre o assunto e criar atividades que os ajudem a construir uma compreensão mais profunda e coerente dos fenômenos gravitacionais. Algumas estratégias que podem ser aplicadas incluem:

- *Ativação de conhecimentos prévios*: Iniciar a aula fazendo perguntas aos estudantes para identificar o que eles já sabem sobre a gravidade e seus efeitos. Isso permite que os educadores conheçam as concepções iniciais dos estudantes e os ajuda a construir conexões entre seus conhecimentos prévios e os conceitos que serão apresentados.
- *Organização do conteúdo*: Apresentar o conteúdo de forma organizada e sequencial, estruturando os conceitos e relacionando-os uns aos outros. Isso ajuda os estudantes a construir uma visão mais completa e coerente da gravidade e seus efeitos, permitindo que eles façam conexões entre diferentes aspectos do fenômeno.
- *Relação com a vida cotidiana*: Estabelecer conexões entre os efeitos da gravidade e situações do dia a dia dos estudantes. Isso ajuda a tornar o conteúdo mais

relevante e significativo, permitindo que os estudantes vejam a aplicação prática dos conceitos aprendidos.

- *Uso de analogias e exemplos concretos*: Utilizar analogias e exemplos concretos para ilustrar os efeitos da gravidade. Isso facilita a compreensão dos estudantes, pois eles podem relacionar os conceitos abstratos da gravidade a situações reais e familiares.
- *Atividades práticas e experimentos*: Incluir atividades práticas e experimentos que permitam aos estudantes explorar os efeitos da gravidade de forma concreta. Isso proporciona uma experiência sensorial e promove a construção de conhecimento por meio da investigação e da observação direta dos fenômenos.

A aplicação da teoria da Aprendizagem Significativa no ensino dos efeitos da gravidade visa estimular a construção ativa do conhecimento pelos estudantes, tornando o processo de aprendizagem mais envolvente, significativo e duradouro.

7 Conhecimento pedagógico aplicado a Ondas

O conhecimento pedagógico aplicado a ondas refere-se à forma como os princípios das ondas são ensinados aos estudantes. As ondas são fenômenos físicos que envolvem a propagação de energia através de um meio material ou do vácuo.

O estudo das ondas é essencial em disciplinas como física e ciências naturais, e seu ensino requer abordagens pedagógicas eficazes. Aqui estão alguns aspectos do conhecimento pedagógico aplicado a ondas:

- *Sequência didática*: Planejar uma sequência de ensino que siga uma progressão lógica dos conceitos relacionados às ondas. Iniciar com os conceitos básicos, como características de uma onda (amplitude, frequência, período), tipos de ondas (mecânicas, eletromagnéticas) e propriedades fundamentais (reflexão, refração, difração). Progressivamente, introduzir tópicos mais complexos, como interferência, ressonância e fenômenos ondulatórios em diferentes meios.

- *Linguagem acessível*: Utilizar uma linguagem clara e acessível ao nível de compreensão dos estudantes. Evitar terminologia complexa e jargões científicos, facilitando a compreensão dos conceitos das ondas. Utilizar exemplos e analogias do cotidiano para ilustrar as características das ondas.
- *Demonstração visual e interativa*: Utilizar recursos visuais, como animações, gráficos, vídeos ou simulações, para ilustrar o comportamento das ondas. Esses recursos visuais podem ajudar os estudantes a visualizarem a propagação das ondas, a interação com obstáculos e a formação de padrões de interferência.
- *Atividades práticas*: Incluir atividades práticas e experimentos para permitir que os estudantes explorem as características das ondas. Isso pode incluir a construção de modelos de ondas, a observação de fenômenos ondulatórios em laboratório, a realização de experiências de interferência e difração, entre outros.
- *Contextualização*: Contextualizar o estudo das ondas em situações reais e relevantes. Por exemplo, discutir a

importância das ondas sonoras na comunicação, a propagação das ondas eletromagnéticas em dispositivos tecnológicos ou a aplicação das ondas sísmicas na detecção de terremotos.

- *Resolução de problemas*: Propor problemas e exercícios que envolvam a aplicação dos princípios das ondas em situações práticas. Isso permite que os estudantes apliquem o conhecimento adquirido para resolver problemas e desenvolvam habilidades de resolução de problemas.

- *Avaliação formativa*: Realizar avaliações formativas ao longo do processo de ensino para verificar o nível de compreensão dos estudantes e identificar possíveis lacunas no aprendizado. Isso pode ser feito por meio de questionários, exercícios práticos, discussões em grupo ou projetos relacionados às ondas.

Ao aplicar o conhecimento pedagógico a ondas, o objetivo é promover uma aprendizagem significativa[8],

---

[8] *A aprendizagem significativa é um processo no qual os alunos constroem ativamente o conhecimento, relacionando novas informações com seus conhecimentos prévios e estabelecendo conexões significativas entre os conceitos. Ao contrário da simples memorização, a aprendizagem significativa envolve compreensão profunda e aplicação do conhecimento em contextos relevantes. Nesse tipo de aprendizagem, os alunos estão engajados e motivados, pois percebem a relevância e o propósito dos conteúdos estudados. Eles são*

estimulando o interesse dos estudantes, o pensamento crítico e a capacidade de aplicar os conceitos-chave.

7.1 Temas que podem ser abordados em planos de aula baseados em assuntos de Ondas

Existem diversos temas relacionados às ondas que podem ser abordados em planos de aula. Aqui estão algumas sugestões:

- Características das ondas: Explorar as características das ondas, como amplitude, frequência, período, comprimento de onda e velocidade de propagação. Realizar atividades práticas para medir e visualizar essas características.
- Tipos de ondas: Estudar os diferentes tipos de ondas, como ondas mecânicas (ondas sonoras, ondas em uma corda) e ondas eletromagnéticas (luz, rádio,

---

incentivados a refletir, analisar, questionar e resolver problemas, promovendo um entendimento mais profundo e duradouro. A aprendizagem significativa valoriza a interação entre o novo conhecimento e as experiências individuais dos alunos, permitindo que eles construam seu próprio entendimento e apliquem o que aprenderam em situações da vida real. Isso favorece a retenção do conhecimento e sua transferência para outras áreas do aprendizado. Em resumo, a aprendizagem significativa envolve a construção ativa do conhecimento, relacionando conceitos e experiências, promovendo uma compreensão profunda e duradoura. É um processo motivador e relevante, que estimula o pensamento crítico e a aplicação do conhecimento em situações reais.

micro-ondas). Comparar suas propriedades e comportamentos.

- Propriedades da propagação das ondas: Investigar fenômenos como reflexão, refração e difração das ondas. Realizar experimentos para observar esses efeitos em diferentes meios.

- Interferência e ressonância: Explorar os fenômenos de interferência construtiva e destrutiva de ondas, bem como a ressonância. Realizar atividades práticas e demonstrações para ilustrar esses conceitos.

- Ondas sonoras: Estudar as propriedades das ondas sonoras, como sua velocidade de propagação, frequência e amplitude. Discutir como as ondas sonoras são produzidas, como se propagam e como são percebidas pelo ouvido humano.

- Ondas eletromagnéticas: Investigar as propriedades das ondas eletromagnéticas, incluindo sua natureza transversal, frequência e comprimento de onda. Explorar as aplicações das ondas eletromagnéticas em tecnologias como comunicação sem fio e imagem médica.

- Ondas na natureza: Estudar os fenômenos ondulatórios presentes na natureza, como as ondas do oceano, ondas sísmicas e ondas de luz solar. Discutir suas características e os efeitos que causam no ambiente.
- Acústica arquitetônica: Explorar como as características das ondas sonoras influenciam a acústica dos ambientes construídos. Discutir o design de espaços para otimizar a qualidade sonora e evitar problemas como o eco.
- Ondas e saúde: Investigar o uso das ondas em aplicações médicas, como ultrassom e ressonância magnética. Discutir os princípios físicos envolvidos e os benefícios para o diagnóstico e tratamento de doenças.
- Pesquisas recentes em ondas: Explorar pesquisas e avanços recentes na área de ondas, como ondas gravitacionais e novas tecnologias na manipulação e detecção de ondas.

Esses são apenas alguns exemplos de temas que podem ser abordados em planos de aula sobre ondas. É importante adaptar o conteúdo ao nível de conhecimento e idade dos estudantes, utilizando atividades práticas, demonstrações visuais e discussões para promover uma compreensão aprofundada dos conceitos.

7.1.1 Teoria pedagógica que pode ser utilizada para fundamentar o ensino de Ondas

Uma teoria pedagógica que pode ser utilizada para fundamentar o ensino de ondas é a Teoria Construtivista.

Essa teoria, desenvolvida por Jean Piaget e outros pesquisadores, enfatiza a importância da construção ativa do conhecimento pelos estudantes, por meio da interação com o ambiente e a mediação do professor.

No contexto do ensino de ondas, a abordagem construtivista sugere que os estudantes construam seu próprio entendimento sobre os fenômenos ondulatórios por meio de experiências práticas, exploração ativa e reflexão sobre seus resultados. Alguns princípios e estratégias associadas à teoria construtivista que podem ser aplicados no ensino de ondas incluem:

- Aprendizagem baseada em problemas: Propor problemas ou desafios relacionados às ondas que exijam que os estudantes apliquem seus conhecimentos e habilidades para resolver situações práticas. Isso promove a construção de conhecimento e o desenvolvimento de habilidades de resolução de problemas.
- Atividades práticas e experimentais: Incluir atividades práticas e experimentos que permitam aos estudantes explorar as propriedades e comportamentos das ondas. Isso proporciona uma experiência sensorial e facilita a construção de conhecimento por meio da observação direta dos fenômenos.
- Colaboração e interação: Promover a colaboração entre os estudantes, permitindo que eles compartilhem suas ideias, discutam conceitos e trabalhem juntos na resolução de problemas relacionados às ondas. Isso estimula a construção social do conhecimento e o desenvolvimento de habilidades de comunicação.

- Uso de materiais concretos e recursos visuais: Utilizar materiais concretos, como modelos de ondas ou instrumentos musicais, para ajudar os estudantes a visualizarem e manipularem as ondas. Além disso, o uso de recursos visuais, como vídeos, simulações ou gráficos, pode auxiliar na compreensão dos conceitos e facilitar a construção de representações mentais das ondas.
- Conexões com a vida cotidiana: Estabelecer conexões entre os conceitos das ondas e situações da vida cotidiana dos estudantes. Discutir exemplos práticos de aplicação das ondas, como a comunicação sem fio, a música, as ondas sonoras na natureza, entre outros. Isso torna o conteúdo mais relevante e significativo para os estudantes.
- Avaliação formativa: Realizar avaliações formativas ao longo do processo de ensino para verificar o entendimento dos estudantes, identificar lacunas de conhecimento e fornecer feedback construtivo. Isso permite que os estudantes reflitam sobre seu próprio

aprendizado e ajustem suas compreensões conforme necessário.

A aplicação da teoria construtivista no ensino de ondas busca promover uma aprendizagem ativa, significativa e contextualizada, em que os estudantes sejam protagonistas do seu próprio processo de construção do conhecimento. Isso estimula o pensamento crítico, a curiosidade científica e a compreensão profunda dos fenômenos ondulatórios.

8 Conhecimento pedagógico aplicado à óptica

O conhecimento pedagógico aplicado à óptica refere-se à forma como os princípios e conceitos ópticos são ensinados aos estudantes. A óptica é o ramo da física que estuda a luz e seus fenômenos, incluindo reflexão, refração, difração e interferência.

Ao abordar a óptica em sala de aula, é importante considerar as seguintes estratégias pedagógicas:

- *Sequência didática*: Planejar uma sequência de ensino

  que apresente os conceitos ópticos de forma progressiva e lógica. Comece com os conceitos básicos, como a natureza da luz, as propriedades da luz (propagação retilínea, velocidade) e a diferença entre fontes de luz primárias e secundárias. Em seguida, avance para tópicos mais complexos, como reflexão e refração da luz, formação de imagens em espelhos e lentes, difração e interferência.

- *Experimentação prática*: Realize atividades práticas e experimentos para que os alunos possam observar e explorar os princípios ópticos. Por exemplo, use espelhos e lentes para criar imagens, conduza experimentos de refração com prismas ou investigue a interferência da luz usando fendas ou películas finas. Isso ajuda os alunos a visualizar e compreender os fenômenos ópticos de forma concreta.

- *Recursos visuais*: Utilize recursos visuais, como diagramas, gráficos, ilustrações e simulações computacionais, para auxiliar na compreensão dos conceitos ópticos. Imagens e animações podem ser especialmente úteis para ilustrar a trajetória da luz, a formação de imagens e os efeitos ópticos complexos.

- *Contextualização*: Conecte os conceitos ópticos a situações reais e do cotidiano dos alunos. Por exemplo, discuta a óptica na natureza, como a formação do arco-íris, as cores do céu, as propriedades ópticas dos olhos humanos e a óptica aplicada em tecnologias, como câmeras, microscópios e telescópios.
- *Modelagem e representação*: Encoraje os alunos a construir modelos e representações visuais dos fenômenos ópticos. Isso pode ser feito por meio de diagramas, desenhos ou até mesmo construindo dispositivos simples, como um periscópio ou um microscópio caseiro. A modelagem ajuda os alunos a visualizarem e compreenderem os conceitos abstratos da óptica.
- *Discussões e questionamentos*: Promova discussões em sala de aula e incentive os alunos a fazerem perguntas sobre os fenômenos ópticos. Estimule a reflexão e a investigação, permitindo que os alunos desenvolvam um pensamento crítico em relação à óptica e explorem a natureza da luz.

- *Avaliação formativa*: Realize avaliações formativas ao longo do processo de ensino para verificar a compreensão dos alunos e identificar possíveis lacunas de conhecimento. Isso pode ser feito por meio de perguntas, exercícios práticos, trabalhos em grupo ou projetos relacionados à óptica.

Ao aplicar o conhecimento pedagógico à óptica, é essencial proporcionar uma aprendizagem ativa e significativa, incentivando a exploração e a compreensão dos princípios ópticos. Além disso, adaptar as estratégias pedagógicas às necessidades e ao nível de conhecimento dos alunos é fundamental para promover um aprendizado eficaz.

8.1 Temas que podem ser abordados em planos de aula baseados em assuntos de Óptica

Existem diversos temas relacionados à óptica que podem ser abordados em planos de aula. Aqui estão algumas sugestões:

- *Natureza da luz*: Explorar as características da luz, como sua natureza ondulatória e a velocidade de propagação. Discutir os diferentes modelos de luz, como o modelo corpuscular e o modelo ondulatório.

- *Reflexão da luz*: Estudar a reflexão da luz em superfícies planas e curvas. Investigar as leis da reflexão e explorar aplicações práticas, como a formação de imagens em espelhos planos e espelhos curvos.
- *Refração da luz*: Investigar a refração da luz quando passa de um meio para outro, como do ar para a água ou de uma lente para o ar. Explorar as leis da refração e suas consequências, como a formação de imagens em lentes convergentes e divergentes.
- *Lentes e sistemas ópticos*: Estudar as propriedades das lentes convergentes e divergentes. Explorar como elas podem ser utilizadas em sistemas ópticos, como câmeras, microscópios e telescópios.
- *Cores e dispersão da luz*: Investigar a formação das cores pela luz e a dispersão da luz branca em um prisma. Discutir os conceitos de luz monocromática e

espectro e explorar aplicações práticas, como o funcionamento de um arco-íris.

- *Óptica geométrica*: Explorar conceitos e princípios da óptica geométrica, como o princípio de Huygens, a propagação retilínea da luz e a formação de sombras. Realizar atividades práticas para visualizar e compreender esses fenômenos.
- *Óptica e visão*: Estudar como o olho humano funciona como um sistema óptico. Investigar a formação de imagens na retina, acomodação visual e defeitos da visão, como miopia e hipermetropia.
- *Tecnologias ópticas*: Explorar as aplicações da óptica em tecnologias modernas, como fibras ópticas, lasers, displays de LED e sistemas de comunicação óptica.
- *Fenômenos ópticos na natureza*: Estudar fenômenos ópticos na natureza, como auroras boreais, arco-íris, halos solares e miragens. Discutir as explicações científicas para esses fenômenos e seu impacto cultural.

- *Pesquisas recentes em óptica*: Explorar pesquisas e avanços recentes na área da óptica, como novos materiais ópticos, tecnologias de imagem avançadas e aplicações inovadoras da óptica em áreas como medicina e energia renovável.

Esses são apenas alguns exemplos de temas que podem ser abordados em planos de aula sobre óptica. É importante adaptar o conteúdo ao nível de conhecimento e idade dos estudantes, utilizando atividades práticas, demonstrações visuais e discussões para promover uma compreensão aprofundada dos conceitos.

8.1.1 Teoria pedagógica que pode ser utilizada para fundamentar o ensino de Óptica

Uma teoria pedagógica que pode ser utilizada para fundamentar o ensino de óptica é a Teoria Construtivista. Essa abordagem pedagógica, desenvolvida por teóricos como Jean Piaget e Lev Vygotsky, enfatiza a construção ativa do conhecimento pelos estudantes por meio da interação com o ambiente, a reflexão sobre suas experiências e a mediação do professor.

No contexto do ensino de óptica, a teoria construtivista sugere que os estudantes construam seu próprio entendimento sobre os fenômenos ópticos, a partir de suas experiências, observações e investigações. Alguns princípios e estratégias associados à teoria construtivista que podem ser aplicados no ensino de óptica incluem:

- *Aprendizagem baseada em problemas*: Propor problemas ou desafios relacionados à óptica que exigem que os estudantes apliquem seus conhecimentos e habilidades para resolver situações práticas. Isso promove a construção de conhecimento e o desenvolvimento de habilidades de resolução de problemas.
- *Atividades práticas e experimentais*: Incluir atividades práticas e experimentos que permitam aos estudantes explorar os princípios e fenômenos ópticos. Isso proporciona uma experiência concreta e sensorial, permitindo que os estudantes observem e manipulem a luz, os espelhos, as lentes e outros componentes ópticos.

- *Aprendizagem colaborativa*: Promover a colaboração entre os estudantes, permitindo que eles compartilhem suas ideias, discutam conceitos e trabalhem em grupo na resolução de problemas relacionados à óptica. Isso estimula a construção social do conhecimento e o desenvolvimento de habilidades de comunicação.
- *Uso de recursos visuais e tecnológicos*: Utilizar recursos visuais, como diagramas, gráficos, vídeos e simulações, para auxiliar na compreensão dos conceitos ópticos. Além disso, o uso de tecnologias educacionais, como softwares interativos ou aplicativos móveis, pode enriquecer as experiências de aprendizagem e facilitar a construção de modelos mentais dos fenômenos ópticos.
- *Contextualização e aplicação prática*: Estabelecer conexões entre os conceitos ópticos e situações do cotidiano dos estudantes. Discutir exemplos práticos de aplicação da óptica em tecnologias, na natureza ou em outras áreas científicas. Isso torna o conteúdo mais relevante e significativo para os estudantes.

- *Avaliação formativa*: Realizar avaliações formativas ao longo do processo de ensino para verificar o entendimento dos estudantes, identificar lacunas de conhecimento e fornecer feedback construtivo. Isso permite que os estudantes reflitam sobre seu próprio aprendizado e ajustem suas compreensões conforme necessário.

A aplicação da teoria construtivista no ensino de óptica busca promover uma aprendizagem ativa, significativa e contextualizada, na qual os estudantes sejam protagonistas de seu próprio processo de construção do conhecimento. Isso estimula o pensamento crítico, a curiosidade científica e a compreensão profunda dos fenômenos ópticos

9 Conhecimento pedagógico aplicado a Termodinâmica

O conhecimento pedagógico aplicado à termodinâmica refere-se à forma como os princípios e conceitos termodinâmicos são ensinados aos estudantes. A termodinâmica é um ramo da física que estuda as relações entre calor, trabalho e energia. Ao abordar a termodinâmica em sala de aula, é importante considerar as seguintes estratégias pedagógicas:

- *Sequência didática*: Planejar uma sequência de ensino que apresente os conceitos termodinâmicos de forma progressiva e lógica. Comece com os conceitos básicos, como temperatura, calor e trabalho, e avance para tópicos mais complexos, como leis da termodinâmica, ciclo de Carnot e aplicações práticas.
- *Experimentação prática*: Realize atividades práticas e experimentos para que os alunos possam observar e explorar os princípios termodinâmicos. Por exemplo, conduza experimentos de transferência de calor, investigue a relação entre pressão e temperatura de gases ou explore o funcionamento de dispositivos termodinâmicos, como motores térmicos.
- *Recursos visuais e simulações*: Utilize recursos visuais, como diagramas, gráficos e ilustrações, para auxiliar na compreensão dos conceitos termodinâmicos. Além disso, o uso de simulações computacionais pode ajudar

os alunos a visualizarem e explorarem os processos termodinâmicos de forma interativa.

- *Contextualização*: Conecte os conceitos termodinâmicos a situações reais e do cotidiano dos alunos. Por exemplo, discuta a termodinâmica na produção e no consumo de energia, nos sistemas climáticos, nas máquinas térmicas e nas aplicações em engenharia, como a geração de eletricidade.

- *Modelagem e representação*: Encoraje os alunos a construir modelos e representações dos processos termodinâmicos. Isso pode ser feito por meio de diagramas de energia, gráficos de pressão e volume, ou até mesmo construindo dispositivos simples para demonstrar princípios termodinâmicos, como um ciclo de Carnot em escala reduzida.

- *Discussões e questionamentos*: Promova discussões em sala de aula e incentive os alunos a fazerem perguntas sobre os fenômenos termodinâmicos. Estimule a reflexão e o debate, permitindo que os alunos desenvolvam um pensamento crítico em relação à termodinâmica e explorem as implicações práticas e éticas dos princípios termodinâmicos.

- *Avaliação formativa*: Realize avaliações formativas ao longo do processo de ensino para verificar a compreensão dos alunos e identificar possíveis lacunas de conhecimento. Isso pode ser feito por meio de perguntas, exercícios práticos, resolução de problemas ou projetos relacionados à termodinâmica.

Ao aplicar o conhecimento pedagógico à termodinâmica, é essencial proporcionar uma aprendizagem ativa e significativa, estimulando os alunos a explorarem e compreenderem os princípios termodinâmicos por meio de experiências práticas, reflexão crítica e contextualização com o mundo real.

9.1 Temas que podem ser abordados em planos de aula baseados em assuntos de Termodinâmica

Existem vários temas interessantes que podem ser abordados em planos de aula baseados em assuntos de termodinâmica. Aqui estão algumas sugestões:

- *Conceitos básicos de termodinâmica*: Introdução aos conceitos fundamentais, como temperatura, calor, trabalho, sistemas termodinâmicos, equilíbrio térmico e as leis da termodinâmica.
- *Transferência de calor*: Estudo dos diferentes mecanismos de transferência de calor: condução, convecção e radiação. Exploração de exemplos práticos, como isolamento térmico, trocadores de calor e isolantes.
- *Leis da termodinâmica*: Explicação das leis da termodinâmica, incluindo a primeira lei (conservação de energia), a segunda lei (entropia e a direção dos processos) e a terceira lei (o comportamento de um sistema à medida que a temperatura se aproxima do zero absoluto).
- *Ciclos termodinâmicos*: Estudo de ciclos termodinâmicos, como o ciclo de Carnot, o ciclo Otto (para motores de combustão interna) e o ciclo de Rankine (para turbinas a vapor). Análise das

eficiências térmicas e dos fatores que afetam o desempenho dos ciclos.

- *Máquinas térmicas*: Investigação do funcionamento e das aplicações de máquinas térmicas, como motores de combustão interna, turbinas a vapor e refrigeradores. Discussão sobre eficiência energética, sustentabilidade e impacto ambiental.
- *Termodinâmica em sistemas biológicos*: Exploração da aplicação da termodinâmica em sistemas biológicos, como o metabolismo humano e os processos de trocas de calor em animais.
- *Termodinâmica e mudanças de fase*: Estudo das mudanças de fase da matéria, como a fusão, a vaporização, a condensação e a solidificação. Análise das curvas de aquecimento e resfriamento, e das aplicações práticas desses fenômenos, como a produção de energia a partir de vapor d'água.
- *Energias renováveis*: Exploração das diferentes fontes de energia renovável, como energia solar, energia eólica, energia hidrelétrica e energia geotérmica.

Discussão sobre a conversão de energia e a sustentabilidade dessas fontes.

- *Termodinâmica e meio ambiente*: Estudo das implicações da termodinâmica nas questões ambientais, como o efeito estufa, a poluição atmosférica e as mudanças climáticas. Discussão sobre estratégias para minimizar o impacto ambiental e promover a sustentabilidade.
- *Aplicações industriais*: Investigação das aplicações práticas da termodinâmica em processos industriais, como a produção de energia, a fabricação de produtos químicos, a refrigeração e a climatização.

Esses são apenas alguns exemplos de temas que podem ser abordados em planos de aula baseados em termodinâmica. É importante adaptar o conteúdo aos níveis de conhecimento e idade dos alunos, tornando-o relevante, prático e relacionado ao mundo real.

9.1.1 Teoria pedagógica que pode ser utilizada para fundamentar o ensino de Termodinâmica

Uma teoria pedagógica que pode ser utilizada para fundamentar o ensino de termodinâmica é a Aprendizagem Significativa, proposta por David Ausubel. Essa abordagem pedagógica enfatiza a importância de construir significado e conexões entre os novos conceitos e o conhecimento prévio dos alunos.

A teoria da Aprendizagem Significativa sugere que os alunos aprendem de forma mais efetiva quando são capazes de relacionar o novo conhecimento com suas experiências anteriores, atribuindo-lhe significado pessoal.

No contexto da termodinâmica, os princípios e conceitos termodinâmicos podem ser apresentados de forma a promover a construção de significado pelos alunos. Aqui estão algumas estratégias pedagógicas associadas a essa teoria que podem ser aplicadas ao ensino de termodinâmica:

- *Ativação do conhecimento prévio*: Inicie as aulas de

  termodinâmica fazendo perguntas que despertem o conhecimento prévio dos alunos sobre calor, energia e fenômenos relacionados. Permita que eles compartilhem suas ideias e concepções iniciais.

- *Organização e estruturação do conteúdo*: Apresente o conteúdo termodinâmico de forma organizada, destacando as relações entre os conceitos. Utilize esquemas, diagramas e mapas conceituais para ajudar os alunos a visualizarem a estrutura do conhecimento.
- *Relação com a vida cotidiana*: Conecte os conceitos termodinâmicos a situações do dia a dia dos alunos, como o uso de aparelhos elétricos, a sensação de calor e frio, e o funcionamento de máquinas e motores.
- *Resolução de problemas*: Promova a resolução de problemas relacionados à termodinâmica, nos quais os alunos possam aplicar os conceitos aprendidos para encontrar soluções. Isso ajuda a tornar o aprendizado mais prático e significativo.
- *Uso de analogias e metáforas*: Utilize analogias e metáforas para auxiliar na compreensão dos conceitos termodinâmicos. Por exemplo, comparar o fluxo de calor com a passagem de água por uma mangueira.

- *Diálogo e discussão*: Incentive o diálogo e a discussão em sala de aula, permitindo que os alunos compartilhem suas ideias, façam perguntas e debatam conceitos termodinâmicos. Isso estimula a construção social do conhecimento e a troca de perspectivas.
- *Avaliação formativa*: Realize avaliações formativas ao longo do processo de ensino para verificar o entendimento dos alunos e fornecer feedback construtivo. Isso ajuda os alunos a refletirem sobre seu próprio aprendizado e a ajustarem suas compreensões conforme necessário.

A aplicação da teoria da Aprendizagem Significativa no ensino de termodinâmica busca criar um ambiente de aprendizagem ativo, no qual os alunos sejam incentivados a construir significado a partir de suas experiências anteriores e a relacionar os conceitos termodinâmicos com sua realidade. Isso promove um entendimento mais profundo e duradouro dos princípios termodinâmicos.

10 Conhecimento pedagógico aplicado a Eletrostática

O conhecimento pedagógico aplicado à eletrostática refere-se à forma como os princípios e conceitos da eletrostática são ensinados aos estudantes. A eletrostática é um ramo da física que estuda os fenômenos relacionados às cargas elétricas em repouso. Ao abordar a eletrostática em sala de aula, é importante considerar as seguintes estratégias pedagógicas:

- *Sequência didática*: Planejar uma sequência de ensino que apresente os conceitos da eletrostática de forma progressiva e lógica. Comece com os conceitos básicos, como carga elétrica, força elétrica, campo elétrico e potencial elétrico, e avance para tópicos mais complexos, como lei de Coulomb, princípio da superposição e capacitância.
- *Experimentação prática*: Realize atividades práticas e experimentos para que os alunos possam observar e explorar os fenômenos eletrostáticos. Por exemplo, conduza experimentos de eletrização por atrito,

investigue a interação entre cargas elétricas e explore o comportamento de objetos eletrizados.

- *Recursos visuais e simulações*: Utilize recursos visuais, como diagramas, gráficos e ilustrações, para auxiliar na compreensão dos conceitos eletrostáticos. Além disso, o uso de simulações computacionais pode ajudar os alunos a visualizarem e explorarem os fenômenos eletrostáticos de forma interativa.

- *Contextualização*: Conecte os conceitos eletrostáticos a situações reais e do cotidiano dos alunos. Por exemplo, discuta a eletrostática na eletrização de objetos, na eletricidade estática, nos fenômenos atmosféricos (como raios e trovões) e nas aplicações em dispositivos eletrônicos.

- *Modelagem e representação*: Incentive os alunos a construir modelos e representações dos fenômenos eletrostáticos. Isso pode ser feito por meio de diagramas de carga, linhas de campo elétrico, superfícies equipotenciais ou até mesmo construindo protótipos de dispositivos eletrostáticos simples.

- *Discussões e questionamentos*: Promova discussões em sala de aula e incentive os alunos a fazerem perguntas sobre os fenômenos eletrostáticos. Estimule a reflexão e o debate, permitindo que os alunos desenvolvam um pensamento crítico em relação à eletrostática e explorem as implicações práticas e éticas dos conceitos.
- *Avaliação formativa*: Realize avaliações formativas ao longo do processo de ensino para verificar a compreensão dos alunos e identificar possíveis lacunas de conhecimento. Isso pode ser feito por meio de perguntas, exercícios práticos, resolução de problemas ou projetos relacionados à eletrostática.

Ao aplicar o conhecimento pedagógico à eletrostática, é essencial proporcionar uma aprendizagem ativa e significativa, estimulando os alunos a explorarem e compreenderem os fenômenos eletrostáticos por meio de experiências práticas, reflexão crítica e contextualização com o mundo real.

10.1 Temas que podem ser abordados em planos de aula baseados em assuntos de Eletrostática

Existem diversos temas interessantes que podem ser abordados em planos de aula baseados em assuntos de eletrostática. Aqui estão algumas sugestões:

- *Carga elétrica*: Introdução aos conceitos de carga elétrica, tipos de carga (positiva e negativa) e conservação da carga. Exploração dos processos de eletrização por atrito, contato e indução.
- *Força elétrica*: Estudo da lei de Coulomb, que descreve a força elétrica entre duas cargas elétricas. Exploração das relações entre a força elétrica, as cargas envolvidas e a distância entre elas.
- *Campo elétrico*: Introdução ao conceito de campo elétrico e sua relação com as cargas elétricas. Discussão sobre as linhas de campo elétrico e sua representação visual. Análise das propriedades e interações no campo elétrico.
- *Potencial elétrico*: Exploração do conceito de potencial elétrico e sua relação com o campo elétrico. Estudo da diferença de potencial elétrico (tensão) e sua

importância em circuitos elétricos. Análise das superfícies equipotenciais.

- *Capacitores*: Estudo dos capacitores, dispositivos que armazenam carga elétrica. Investigação das propriedades dos capacitores, como capacitância e tempo de carga e descarga. Exploração de aplicações práticas dos capacitores em circuitos eletrônicos.
- *Lei de Gauss*: Introdução à lei de Gauss, uma ferramenta matemática para calcular o campo elétrico gerado por uma distribuição de carga. Exploração de exemplos práticos de aplicação da lei de Gauss em geometrias simples.
- *Eletrostática em materiais*: Discussão sobre os efeitos da eletrização em diferentes materiais, como condutores e isolantes. Estudo dos fenômenos de polarização elétrica e formação de cargas superficiais em condutores.
- *Eletrostática e eletricidade*: Conexão entre a eletrostática e os circuitos elétricos. Exploração dos conceitos de corrente elétrica, resistência, tensão e

potência. Discussão sobre os fenômenos de eletrização estática em dispositivos eletrônicos.

- *Eletrostática e aplicações práticas*: Exploração das aplicações da eletrostática na vida cotidiana e na tecnologia, como os princípios de funcionamento de geradores eletrostáticos, precipitadores eletrostáticos, aceleradores de partículas e dispositivos de proteção contra descargas atmosféricas.
- *Eletrostática e campo elétrico uniforme*: Estudo de situações em que o campo elétrico é aproximadamente uniforme, como placas paralelas e capacitores planos. Análise da força elétrica, potencial elétrico e trajetórias de partículas carregadas nesses campos.

Esses são apenas alguns exemplos de temas que podem ser abordados em planos de aula baseados em eletrostática. É importante adaptar o conteúdo ao nível de conhecimento e idade dos alunos, tornando-o interessante, desafiador e relacionado ao seu contexto.

10.1.1 Teoria pedagógica que pode ser utilizada para fundamentar o ensino de Eletrostática

Uma teoria pedagógica que pode ser utilizada para fundamentar o ensino de eletrostática é a Teoria da Aprendizagem Significativa, proposta por David Ausubel. Essa teoria enfatiza a importância de construir significado e estabelecer conexões entre os novos conhecimentos e o conhecimento prévio dos alunos.

Segundo a Teoria da Aprendizagem Significativa, a aprendizagem ocorre quando os novos conceitos são relacionados de maneira não arbitrária com os conhecimentos prévios já existentes na estrutura cognitiva do aluno. Ou seja, os alunos aprendem de forma mais eficaz quando são capazes de atribuir significado ao novo conhecimento, relacionando-o com suas experiências anteriores.

Ao aplicar a Teoria da Aprendizagem Significativa no ensino de eletrostática, podem-se utilizar as seguintes estratégias:

- *Ativação do conhecimento prévio*: Iniciar as aulas de eletrostática fazendo perguntas e provocando discussões que estimulem os alunos a refletir sobre suas experiências e conhecimentos relacionados ao assunto. Isso ajuda a conectar o novo conhecimento à estrutura cognitiva existente.

- *Organização do conteúdo*: Apresentar os conceitos de

forma organizada e estruturada, destacando as relações entre eles. Utilizar esquemas, mapas conceituais ou diagramas para auxiliar os alunos a visualizarem e compreenderem a estrutura do conhecimento em eletrostática.

- *Conexão com a vida cotidiana*: Relacionar os conceitos

eletrostáticos com situações do cotidiano dos alunos, como eletrização por atrito, funcionamento de aparelhos eletrônicos, fenômenos atmosféricos (raios, trovões) ou questões relacionadas à eletricidade estática.

- *Uso de analogias e exemplos concretos*: Utilizar

analogias e exemplos concretos para facilitar a compreensão dos conceitos eletrostáticos. Por exemplo, comparar o comportamento das cargas elétricas com o comportamento de objetos com cargas opostas que se atraem ou cargas iguais que se repelem.

- *Aprendizagem colaborativa*: Promover atividades de aprendizagem colaborativa, como discussões em grupo, resolução de problemas em equipe ou projetos cooperativos. Isso estimula a troca de ideias, a argumentação e a construção social do conhecimento.
- *Contextualização e aplicação prática*: Apresentar aos alunos exemplos de aplicação prática dos conceitos eletrostáticos em diferentes áreas, como engenharia, medicina, telecomunicações, entre outras. Isso ajuda a mostrar a relevância e utilidade dos conceitos estudados.
- *Avaliação formativa*: Realizar avaliações formativas ao longo do processo de ensino para identificar as dificuldades e ajustar a abordagem pedagógica. Isso permite que os alunos recebam feedback e façam ajustes em seu aprendizado.

A aplicação da Teoria da Aprendizagem Significativa no ensino de eletrostática visa a promover a construção de conhecimento de forma significativa, conectando os novos conceitos aos conhecimentos prévios dos alunos. Dessa forma, os alunos desenvolvem uma compreensão mais profunda e duradoura dos princípios eletrostáticos.

11 Conhecimento pedagógico aplicado a Eletrodinâmica

O conhecimento pedagógico aplicado à eletrodinâmica refere-se à forma como os princípios e conceitos da eletrodinâmica são ensinados aos estudantes. A eletrodinâmica é um ramo da física que estuda os fenômenos relacionados ao movimento das cargas elétricas em um circuito elétrico. Ao abordar a eletrodinâmica em sala de aula, é importante considerar as seguintes estratégias pedagógicas:

- *Sequência didática*: Planejar uma sequência de ensino que apresente os conceitos da eletrodinâmica de forma progressiva e lógica. Comece com os conceitos básicos, como corrente elétrica, resistência e tensão, e avance para tópicos mais complexos, como lei de Ohm, leis de Kirchhoff e circuitos RC, RL e RLC.
- *Experimentação prática*: Realize atividades práticas e experimentos para que os alunos possam observar e explorar os fenômenos eletrodinâmicos. Por exemplo,

conduza experimentos com circuitos simples, investigue a relação entre corrente, tensão e resistência e explore o comportamento de componentes eletrônicos.

- *Recursos visuais e simulações*: Utilize recursos visuais, como diagramas de circuitos, gráficos e ilustrações, para auxiliar na compreensão dos conceitos eletrodinâmicos. Além disso, o uso de simulações computacionais pode ajudar os alunos a visualizarem e explorarem os fenômenos eletrodinâmicos de forma interativa.
- *Contextualização*: Conecte os conceitos eletrodinâmicos a situações reais e do cotidiano dos alunos. Por exemplo, discuta a eletrodinâmica no funcionamento de dispositivos eletrônicos, no sistema elétrico de uma casa, na geração e transmissão de energia elétrica, entre outros exemplos práticos.
- *Modelagem e representação*: Incentive os alunos a construir modelos e representações dos fenômenos eletrodinâmicos. Isso pode ser feito por meio de

diagramas de circuitos, gráficos de corrente e tensão, e até mesmo por meio da construção de protótipos de circuitos simples.

- *Discussões e questionamentos*: Promova discussões em sala de aula e incentive os alunos a fazerem perguntas sobre os fenômenos eletrodinâmicos. Estimule a reflexão e o debate, permitindo que os alunos desenvolvam um pensamento crítico em relação à eletrodinâmica e explorem as implicações práticas e éticas dos conceitos.
- *Avaliação formativa*: Realize avaliações formativas ao longo do processo de ensino para verificar a compreensão dos alunos e identificar possíveis lacunas de conhecimento. Isso pode ser feito por meio de perguntas, exercícios práticos, resolução de problemas ou projetos relacionados à eletrodinâmica.

Ao aplicar o conhecimento pedagógico à eletrodinâmica, é essencial proporcionar uma aprendizagem ativa e significativa, estimulando os alunos a explorarem e compreenderem os fenômenos eletrodinâmicos por meio de experiências práticas, reflexão crítica e conexões com o mundo real.

11.1 Temas que podem ser abordados em planos de aula baseados em assuntos de Eletrodinâmica

Existem diversos temas interessantes que podem ser abordados em planos de aula baseados em assuntos de eletrodinâmica. Aqui estão algumas sugestões:

- *Corrente elétrica*: Introdução ao conceito de corrente elétrica, sua definição e unidade de medida. Exploração dos fatores que influenciam a corrente elétrica, como a tensão e a resistência
- *Lei de Ohm*: Estudo da lei de Ohm, que descreve a relação entre a corrente elétrica, a tensão e a resistência em um circuito. Exploração das aplicações da lei de Ohm em diferentes contextos.
- *Circuitos em série e em paralelo*: Análise de circuitos simples em série e em paralelo. Investigação das propriedades e características desses circuitos, como a distribuição de corrente, a tensão e a resistência total.

- *Leis de Kirchhoff*: Estudo das leis de Kirchhoff, que descrevem as relações de corrente e tensão em circuitos mais complexos. Aplicação das leis de Kirchhoff na resolução de problemas práticos.
- *Potência elétrica*: Exploração do conceito de potência elétrica e sua relação com a corrente e a tensão. Análise do uso eficiente da energia elétrica e discussão sobre aspectos relacionados à segurança e sustentabilidade.
- *Resistores e componentes eletrônicos*: Estudo dos resistores como componentes fundamentais em circuitos elétricos. Exploração de outros componentes eletrônicos, como capacitores, indutores e semicondutores, e seu papel na eletrodinâmica.
- *Efeitos térmicos da corrente elétrica*: Investigação dos efeitos térmicos da corrente elétrica, como o efeito Joule. Exploração das aplicações práticas desses efeitos, como em resistências elétricas, lâmpadas incandescentes e eletrodomésticos.

- *Magnetismo e eletromagnetismo*: Introdução ao magnetismo e sua relação com a corrente elétrica. Exploração dos princípios do eletromagnetismo, como a lei de Ampère e a lei de Faraday, e suas aplicações em dispositivos eletromagnéticos.
- *Circuitos RC, RL e RLC*: Análise de circuitos que envolvem resistores, capacitores e/ou indutores. Estudo do comportamento desses circuitos em relação ao tempo, incluindo carga e descarga de capacitores, resposta transitória e frequência de ressonância.
- *Aplicações práticas e tecnológicas*: Exploração das aplicações práticas da eletrodinâmica em diferentes áreas, como eletrônica, telecomunicações, geração e distribuição de energia elétrica, entre outros. Discussão sobre a importância da eletrodinâmica na sociedade atual.

Essas são apenas algumas sugestões de temas que podem ser abordados em planos de aula baseados em eletrodinâmica. É importante adaptar o conteúdo ao nível de conhecimento e idade dos alunos, tornando-o interessante, desafiador e relacionado ao seu contexto.

11.1.1 Teoria pedagógica que pode ser utilizada para fundamentar o ensino de Eletrodinâmica

Uma teoria pedagógica que pode ser utilizada para fundamentar o ensino de eletrodinâmica é a Teoria Construtivista. Essa teoria enfatiza a importância da construção ativa do conhecimento pelos alunos, através da interação com o ambiente e com seus pares.

De acordo com o construtivismo, os alunos são considerados construtores do conhecimento, e o papel do professor é facilitar esse processo de construção, fornecendo atividades e situações desafiadoras que estimulem a reflexão, a experimentação e a resolução de problemas.

Ao aplicar o construtivismo ao ensino de eletrodinâmica, algumas estratégias pedagógicas que podem ser adotadas são:

- *Aprendizagem baseada em problemas*: Propor

  problemas ou situações desafiadoras que envolvam conceitos eletrodinâmicos, incentivando os alunos a explorarem e construírem soluções por conta própria. Essa abordagem promove a autonomia e o pensamento crítico dos estudantes.

- *Atividades práticas*: Promover atividades práticas que envolvam a montagem de circuitos simples, medições de corrente e tensão, e observações de fenômenos eletrodinâmicos. Os alunos podem construir e testar seus próprios circuitos, analisar os resultados e tirar conclusões.
- *Aprendizagem colaborativa*: Estimular a colaboração entre os alunos, incentivando-os a trabalhar em grupos para discutir e resolver problemas relacionados à eletrodinâmica. A troca de ideias e a cooperação entre os estudantes permitem que eles construam o conhecimento juntos.
- *Uso de recursos multimídia*: Utilizar recursos multimídia, como simulações interativas, vídeos e animações, que permitam aos alunos visualizar e explorar conceitos eletrodinâmicos de forma mais concreta e significativa.

- *Contextualização*: Relacionar os conceitos eletrodinâmicos a situações do cotidiano dos alunos, como o funcionamento de aparelhos eletrônicos, redes elétricas ou tecnologias relacionadas à energia. Isso ajuda a estabelecer conexões entre o conteúdo estudado e a realidade dos estudantes.
- *Metacognição*: Promover a metacognição, ou seja, a reflexão sobre o próprio processo de aprendizagem. Incentivar os alunos a refletir sobre como estão construindo seu conhecimento em eletrodinâmica, identificar suas dificuldades e buscar estratégias para superá-las.
- *Avaliação formativa*: Utilizar avaliações formativas ao longo do processo de ensino para identificar as lacunas de conhecimento dos alunos e fornecer feedback construtivo. Isso permite que eles ajustem suas estratégias de aprendizagem e fortaleçam sua compreensão dos conceitos eletrodinâmicos.

A aplicação da teoria construtivista no ensino de eletrodinâmica visa promover uma aprendizagem ativa, significativa e contextualizada, na qual os alunos são protagonistas na construção do seu conhecimento.

Essa abordagem estimula a curiosidade, a autonomia e a criatividade, contribuindo para uma compreensão mais profunda dos conceitos eletrodinâmicos.

12 Conhecimento pedagógico aplicado Magnetismo

O conhecimento pedagógico aplicado ao ensino de magnetismo refere-se às estratégias e abordagens pedagógicas que podem ser utilizadas para facilitar a compreensão dos conceitos relacionados ao magnetismo pelos alunos. Aqui estão alguns pontos importantes a considerar:

- *Sequência didática*: Planejar uma sequência de ensino que permita a progressão dos conceitos relacionados ao magnetismo. Comece com a introdução do conceito de magnetismo, as propriedades dos ímãs e a interação magnética básica, e avance para tópicos mais complexos, como o campo magnético, a indução eletromagnética e as aplicações práticas do magnetismo.

- *Experimentação*: Realize atividades práticas e experimentos que permitam aos alunos observar e explorar os fenômenos magnéticos. Por exemplo, conduza experimentos com ímãs e objetos ferromagnéticos para investigar as propriedades dos campos magnéticos e a interação magnética.
- *Recursos visuais*: Utilize recursos visuais, como diagramas, ilustrações e gráficos, para auxiliar na compreensão dos conceitos de magnetismo. Os alunos podem criar representações visuais dos campos magnéticos e das linhas de campo magnético para fortalecer sua compreensão.
- *Simulações e modelos*: Utilize simulações computacionais e modelos físicos para ajudar os alunos a visualizar e explorar os conceitos magnéticos de forma interativa. Isso pode incluir simulações de campos magnéticos, modelos de circuitos eletromagnéticos e demonstrações práticas.
- *Contextualização*: Conecte os conceitos magnéticos a situações do cotidiano e a aplicações práticas. Por

exemplo, discuta a utilização de ímãs em dispositivos eletrônicos, motores elétricos, geradores e aplicações na medicina, indústria e transporte.

- *Metodologia investigativa*: Incentive os alunos a explorarem e descobrirem conceitos magnéticos por meio de questionamentos, investigação e resolução de problemas. Promova discussões em grupo, atividades de pesquisa e projetos que estimulem a descoberta ativa do conhecimento.
- *Integração com outras áreas*: Explore as conexões entre o magnetismo e outras áreas do conhecimento, como a física, a química e a biologia. Isso pode incluir discussões sobre a influência do magnetismo na estrutura atômica, na eletricidade e nos sistemas biológicos.
- *Avaliação formativa*: Utilize estratégias de avaliação formativa, como questionários, exercícios práticos e demonstrações, para verificar a compreensão dos alunos ao longo do processo de ensino. Forneça feedback individualizado e oportunidades de melhoria.

- *Uso de tecnologia*: Aproveite o uso de recursos tecnológicos, como aplicativos, simulações online e vídeos, para enriquecer o ensino e proporcionar diferentes formas de acesso ao conhecimento magnético.

Ao aplicar o conhecimento pedagógico ao ensino de magnetismo, é essencial considerar as habilidades e o nível de conhecimento dos alunos, adaptando as estratégias pedagógicas para tornar o aprendizado envolvente, significativo e acessível.

12.1 Temas que podem ser abordados em planos de aula baseados em assuntos de Magnetismo

Existem diversos temas interessantes que podem ser abordados em planos de aula baseados em assuntos de magnetismo. Aqui estão algumas sugestões:

- *Propriedades dos ímãs*: Introdução ao magnctismo, exploração das propriedades dos ímãs, como atração e repulsão magnética, polaridade e magnetização.
- *Campos magnéticos*: Estudo dos campos magnéticos, incluindo a definição de campo magnético, linhas de

campo magnético, e a relação entre a força magnética e o campo magnético.

- *Eletromagnetismo*: Exploração da relação entre eletricidade e magnetismo, incluindo a indução eletromagnética, a lei de Faraday e a lei de Lenz. Discussão sobre aplicações práticas do eletromagnetismo, como motores elétricos, geradores e transformadores.
- *Magnetismo terrestre*: Investigação do magnetismo terrestre, incluindo a orientação das bússolas e a existência dos polos magnéticos. Estudo sobre a influência do campo magnético terrestre na navegação e nas migrações de animais.
- *Materiais magnéticos*: Análise dos diferentes tipos de materiais magnéticos, como ferromagnéticos, paramagnéticos e diamagnéticos. Exploração das características e aplicações desses materiais.
- *Magnetismo na medicina*: Discussão sobre as aplicações do magnetismo na medicina, como a ressonância magnética (MRI) e a estimulação

magnética transcraniana (TMS). Exploração dos princípios físicos por trás dessas técnicas.

- *Magnetismo na tecnologia*: Análise do papel do magnetismo na tecnologia, incluindo a utilização de ímãs em dispositivos eletrônicos, como alto-falantes, microfones e discos rígidos. Discussão sobre os desafios e benefícios da tecnologia magnética.
- *Magnetismo na indústria*: Exploração das aplicações do magnetismo na indústria, como a separação magnética de materiais, o uso de ímãs em motores e geradores industriais, e a levitação magnética em sistemas de transporte.
- *Magnetismo na natureza*: Investigação do magnetismo em organismos vivos, como bactérias magnéticas e animais migratórios que usam o campo magnético terrestre para se orientar. Discussão sobre a importância do magnetismo na ecologia e biologia.
- *Pesquisa e inovação em magnetismo*: Exploração das pesquisas atuais e inovações na área do magnetismo, como materiais magnéticos avançados, aplicações

biomédicas, levitação magnética e armazenamento de energia.

Essas são apenas algumas sugestões de temas que podem ser abordados em planos de aula baseados em magnetismo. É importante adaptar o conteúdo ao nível de conhecimento e idade dos alunos, tornando-o interessante, desafiador e relacionado ao seu contexto.

12.1.1 Teoria pedagógica que pode ser utilizada para fundamentar o ensino Magnetismo

Uma teoria pedagógica que pode ser utilizada para fundamentar o ensino de magnetismo é a Aprendizagem Significativa, proposta por David Ausubel. Essa teoria enfatiza a importância de relacionar o novo conhecimento com os conhecimentos prévios dos alunos, buscando criar conexões significativas e relevantes.

De acordo com a teoria da Aprendizagem Significativa, os alunos constroem o conhecimento ao relacionar as novas informações com seus esquemas cognitivos existentes. Para facilitar essa aprendizagem, algumas estratégias pedagógicas podem ser adotadas:

- *Organização do conteúdo*: Apresentar o conteúdo de forma organizada, sequencial e clara, identificando os conceitos fundamentais e as relações entre eles. Isso ajuda os alunos a estruturar seu conhecimento e facilita a assimilação das informações sobre magnetismo.
- *Ativação de conhecimentos prévios*: Identificar e ativar os conhecimentos prévios dos alunos relacionados ao magnetismo. Isso pode ser feito por meio de perguntas, discussões em grupo ou atividades que explorem experiências anteriores dos estudantes com ímãs ou outros fenômenos magnéticos.
- *Relação com a vida cotidiana*: Estabelecer conexões entre os conceitos de magnetismo e situações do cotidiano dos alunos. Demonstrar como o magnetismo está presente em tecnologias, dispositivos eletrônicos, transporte e outros aspectos da vida diária, tornando o conteúdo mais relevante e significativo.
- *Uso de analogias e metáforas*: Utilizar analogias e metáforas para facilitar a compreensão dos conceitos magnéticos. Por exemplo, comparar o campo

magnético a um mapa ou guia que direciona objetos magnetizados.

- *Aprendizagem por descoberta*: Promover atividades em que os alunos possam explorar e descobrir os conceitos do magnetismo por si mesmos. Isso pode incluir experimentos práticos, observação de fenômenos magnéticos, resolução de problemas e discussões em grupo.
- *Feedback e revisão*: Fornecer feedback contínuo e revisão do conteúdo, permitindo que os alunos avaliem sua compreensão e façam ajustes conceituais. Isso ajuda a consolidar o aprendizado e a corrigir possíveis concepções errôneas sobre o magnetismo.
- *Contextualização interdisciplinar*: Integrar o ensino do magnetismo com outras disciplinas, como física, química e biologia. Explorar as relações entre o magnetismo e outros campos do conhecimento, estimulando uma visão mais abrangente e interdisciplinar.

A abordagem da Aprendizagem Significativa enfatiza a construção ativa do conhecimento pelo aluno, fornecendo um ambiente propício para que eles possam relacionar e assimilar os conceitos do magnetismo de forma significativa. Essa teoria pedagógica promove o engajamento, a compreensão profunda e a aplicação prática dos conhecimentos adquiridos.

13 Conhecimento pedagógico aplicado a Física Moderna

O ensino da Física Moderna, que abrange os princípios da mecânica quântica e da teoria da relatividade, pode se beneficiar de diferentes abordagens pedagógicas. Aqui estão algumas sugestões de conhecimento pedagógico aplicado a esse campo específico:

- *Contextualização histórica*: Introduza a Física Moderna contextualizando-a historicamente. Explique o contexto em que surgiram as teorias da mecânica quântica e da relatividade, destacando as contribuições de cientistas como Albert Einstein, Max Planck, Niels Bohr, Werner Heisenberg e Erwin Schrödinger. Isso ajuda os alunos a compreenderem a evolução do pensamento científico e a importância dessas teorias para a compreensão do mundo atual.

- *Abordagem conceitual*: Enfatize a compreensão conceitual dos princípios fundamentais da Física Moderna. Ao invés de focar apenas em cálculos e fórmulas, destaque as ideias e os conceitos-chave, como a dualidade onda-partícula, o princípio da incerteza, a relatividade do tempo e do espaço, e a energia de fótons. Isso ajuda os alunos a desenvolverem uma visão mais profunda e abrangente desses conceitos.
- *Experimentação*: Promova atividades práticas e experimentos que permitam aos alunos observarem e explorarem os fenômenos relacionados à Física Moderna. Por exemplo, experimentos com interferência e difração de luz, demonstrações de polarização da luz, e atividades com dispositivos eletrônicos que explorem os efeitos da mecânica quântica. Isso ajuda a tornar os conceitos mais concretos e visuais.
- *Simulações computacionais*: Utilize simulações computacionais para auxiliar na compreensão dos

fenômenos quânticos e relativísticos. Existem diversas ferramentas online e softwares específicos que permitem simular experimentos e visualizar os efeitos dessas teorias. Isso ajuda a criar um ambiente de aprendizagem mais interativo e exploratório.

- *Resolução de problemas*: Promova atividades de resolução de problemas que envolvam os conceitos da Física Moderna. Desafie os alunos a aplicarem os princípios da mecânica quântica e da relatividade para solucionar situações-problema e realizar cálculos relacionados. Isso estimula a aplicação prática dos conhecimentos adquiridos e o desenvolvimento do pensamento crítico.

- *Uso de recursos visuais*: Utilize recursos visuais, como diagramas, gráficos, animações e ilustrações, para ajudar na compreensão dos conceitos da Física Moderna. Esses recursos podem facilitar a visualização de fenômenos abstratos e complexos, tornando-os mais acessíveis e compreensíveis para os alunos.

- *Discussões em grupo*: Promova discussões em grupo e atividades colaborativas que envolvam os conceitos da Física Moderna. Isso permite que os alunos compartilhem suas ideias, debatam diferentes pontos de vista e construam conhecimento coletivamente. Essa abordagem estimula a troca de informações, a argumentação e a construção de um entendimento mais completo dos conceitos.

Essas estratégias pedagógicas podem ser adaptadas de acordo com o nível de ensino e as necessidades dos alunos. A combinação de diferentes abordagens promove um ambiente de aprendizagem mais dinâmico, estimulante e propício para a compreensão dos princípios da Física Moderna.

13.1 Temas que podem ser abordados em planos de aula baseados em assuntos de Física Moderna

Existem diversos temas interessantes que podem ser abordados em planos de aula baseados em assuntos de Física Moderna. Aqui estão algumas sugestões:

- *Dualidade onda-partícula*: Exploração do princípio da dualidade onda-partícula, que é um dos pilares da mecânica quântica. Estudo dos experimentos de dupla fenda e do efeito fotoelétrico para compreender como a matéria e a luz exibem comportamentos de partícula e onda em diferentes contextos.

- *Princípio da incerteza*: Discussão sobre o princípio da incerteza de Heisenberg, que estabelece uma relação fundamental entre a precisão da posição e da velocidade de uma partícula. Exploração das implicações desse princípio na compreensão da realidade quântica e das limitações da medição.
- *Modelos atômicos quânticos*: Estudo dos modelos atômicos quânticos, como o modelo de Bohr, o modelo de orbitais e o modelo de nuvem eletrônica. Compreensão de como esses modelos descrevem o comportamento dos elétrons em níveis de energia discretos e a influência da quantização na estrutura dos átomos.
- *Teoria da relatividade*: Introdução à teoria da relatividade de Einstein, incluindo a teoria da relatividade restrita e a teoria da relatividade geral.

Exploração dos conceitos de dilatação do tempo, contração do espaço e curvatura do espaço-tempo, e suas aplicações em diferentes contextos.

- *Energia de fótons*: Estudo da energia dos fótons e sua relação com a frequência e o comprimento de onda da luz. Exploração dos fenômenos de absorção, emissão e espalhamento de luz, e suas aplicações em áreas como fotossíntese, fotodetecção e tecnologia de lasers.

- *Fenômenos quânticos avançados*: Discussão de fenômenos quânticos mais avançados, como o emaranhamento, a superposição e a teleportação quântica. Exploração de experimentos que demonstram esses fenômenos e suas implicações para a computação quântica e a comunicação quântica.

- *Aplicações da Física Moderna*: Investigação das aplicações práticas da Física Moderna em diferentes áreas, como a medicina (ressonância magnética, terapia por radiação), a eletrônica (transistores, semicondutores) e a energia (células solares, fusão nuclear). Discussão sobre os avanços tecnológicos baseados nos princípios da Física Moderna.

- *Filosofia da Física Moderna*: Reflexão sobre as implicações filosóficas e epistemológicas da Física Moderna. Discussão sobre os desafios conceituais, a natureza da realidade quântica e os limites do conhecimento científico.
- *Pesquisas recentes em Física Moderna*: Exploração de pesquisas e descobertas recentes na área da Física Moderna, como novos estados da matéria, experimentos de controle quântico e estudos sobre buracos negros. Análise crítica dos avanços e implicações dessas pesquisas.

Esses são apenas alguns exemplos de temas que podem ser abordados em planos de aula de Física Moderna. É importante adaptar o conteúdo de acordo com o nível de ensino dos alunos e estimular a participação ativa, por meio de atividades práticas, discussões e investigações científicas.

13.1.1 Teoria pedagógica que pode ser utilizada para fundamentar o ensino de Física Moderna

Uma teoria pedagógica que pode ser utilizada para fundamentar o ensino de Física Moderna é a Aprendizagem Baseada em Problemas (ABP). A ABP é uma abordagem pedagógica que coloca os alunos no centro do processo de aprendizagem, incentivando-os a resolver problemas do mundo real por meio de investigação e colaboração.

Na Aprendizagem Baseada em Problemas, os alunos são apresentados a um problema desafiador e realista que requer a aplicação dos conceitos e princípios da Física Moderna para sua resolução. Em vez de receber informações de forma passiva, os alunos são encorajados a buscar conhecimento, formular hipóteses, investigar, debater e construir seu próprio entendimento.

Algumas características e estratégias da ABP que podem ser aplicadas ao ensino da Física Moderna incluem:

- *Contextualização*: Os problemas apresentados aos alunos devem ser contextualizados e relacionados com situações reais ou aplicações práticas da Física Moderna. Isso ajuda a motivar os alunos, tornando a aprendizagem mais relevante e significativa.

- *Trabalho em equipe*: A ABP enfatiza o trabalho em equipe, onde os alunos colaboram entre si na busca por soluções para o problema proposto. Essa colaboração promove a troca de ideias, o debate e a construção conjunta do conhecimento.
- *Orientação do professor*: O papel do professor na ABP é o de um facilitador, que guia e orienta os alunos durante o processo de resolução do problema. O professor fornece suporte, faz perguntas instigantes, estimula a reflexão e aprofunda a compreensão conceitual dos alunos.
- *Pesquisa e investigação*: Os alunos são incentivados a buscar informações relevantes, realizar pesquisas, ler artigos científicos e experimentar soluções possíveis para o problema proposto. Isso estimula a autonomia e a habilidade de aprender de forma independente.

- *Discussões e apresentações*: A ABP envolve discussões em grupo, onde os alunos apresentam e defendem suas soluções para o problema. Essas discussões proporcionam oportunidades para a revisão dos conceitos, a identificação de lacunas no entendimento e a consolidação do conhecimento adquirido.
- *Reflexão e metacognição*: Os alunos são incentivados a refletir sobre seu processo de aprendizagem, identificando estratégias eficazes e desafios encontrados. A metacognição é encorajada, para que os alunos possam monitorar seu próprio progresso e aprimorar suas habilidades de resolução de problemas.

A Aprendizagem Baseada em Problemas proporciona um ambiente de aprendizagem ativo, significativo e colaborativo, que estimula o pensamento crítico, a criatividade e a aplicação prática dos conceitos da Física Moderna.

14 Planejamento de uma aula em Física

Planejar uma aula de Física envolve alguns passos importantes para garantir uma abordagem eficaz e significativa do conteúdo. Aqui está um guia básico para ajudar no planejamento de uma aula de Física:

- *Objetivos de aprendizagem*: Defina os objetivos de

  aprendizagem da aula. O que você espera que os alunos sejam capazes de entender, fazer ou demonstrar ao final da aula? Os objetivos devem ser claros, específicos e alinhados aos conteúdos e habilidades que serão abordados.

- *Seleção do conteúdo*: Identifique os principais

  conceitos e tópicos que serão abordados na aula. Considere a sequência lógica e progressiva dos conteúdos, começando por conceitos mais simples e avançando para conceitos mais complexos. Selecione exemplos e aplicações práticas que sejam relevantes e interessantes para os alunos.

- *Estratégias de ensino*: Escolha as estratégias de ensino

  que serão utilizadas para transmitir os conteúdos aos alunos. Isso pode incluir explicações orais, apresentações multimídia, demonstrações experimentais, atividades práticas, discussões em grupo, resolução de problemas, uso de recursos visuais, entre outros. Diversifique as estratégias para engajar os diferentes estilos de aprendizagem dos alunos.

- *Materiais e recursos*: Identifique os materiais e recursos necessários para a aula. Isso pode incluir livros didáticos, materiais experimentais, recursos multimídia, simulações computacionais, quadro branco ou projetor para anotações, entre outros. Verifique a disponibilidade e organize os materiais com antecedência.
- *Atividades e exercícios*: Planeje atividades e exercícios que permitam aos alunos aplicar os conceitos aprendidos. Isso pode incluir problemas de resolução individual ou em grupo, experimentos práticos, atividades de investigação, discussões em grupo, entre outros. As atividades devem ser desafiadoras e relevantes, estimulando a participação ativa dos alunos.
- *Avaliação*: Determine como você irá avaliar a aprendizagem dos alunos. Isso pode incluir

questionários, exercícios de prática, projetos, apresentações, trabalhos escritos ou avaliação formativa durante a aula. Alinhe as atividades de avaliação aos objetivos de aprendizagem estabelecidos.

- *Sequência e tempo*: Organize os conteúdos e atividades em uma sequência lógica e defina o tempo necessário para cada parte da aula. Certifique-se de que o tempo seja suficiente para explorar os conceitos e realizar as atividades planejadas. Flexibilize o plano de acordo com o ritmo da turma e faça ajustes conforme necessário.
- *Adaptação e diferenciação*: Considere as necessidades e características individuais dos alunos ao planejar a aula. Adapte o conteúdo e as atividades para atender às diferentes habilidades, interesses e estilos de aprendizagem dos alunos. Proporcione desafios adicionais para os alunos mais avançados e apoio adicional para os alunos com dificuldades.
- *Conclusão e recapitulação*: Reserve um tempo no final da aula para fazer uma recapitulação dos principais

conceitos abordados. Verifique se os objetivos de aprendizagem foram alcançados e forneça um resumo dos principais pontos. Encoraje os alunos a fazerem perguntas e esclarecerem suas dúvidas.

- *Reflexão*: Após a aula, reflita sobre o que funcionou bem e o que pode ser melhorado. Considere o feedback dos alunos e faça ajustes para aprimorar o planejamento das futuras aulas.

Lembre-se de que esse é apenas um guia básico e o planejamento de uma aula de Física pode variar de acordo com os objetivos específicos, o conteúdo a ser abordado, o nível de ensino e as características da turma. A criatividade e a adaptação são essenciais para tornar a aula mais interessante e envolvente para os alunos.

15 Avaliação da Aprendizagem

A escolha da avaliação da aprendizagem em uma aula de Física deve estar alinhada aos objetivos de aprendizagem estabelecidos e aos conteúdos abordados. A avaliação tem como objetivo verificar se os alunos adquiriram o conhecimento e as habilidades desejadas. Aqui estão algumas opções de avaliação que podem ser utilizadas em uma aula de Física:

- *Questionários ou provas escritas*: Pode-se utilizar questionários de múltipla escolha, questões de verdadeiro ou falso, questões de preenchimento de espaço em branco ou provas escritas com questões discursivas. Essa opção é útil para verificar o entendimento conceitual, a aplicação dos princípios físicos e a resolução de problemas.
- *Resolução de problemas*: Propor problemas práticos ou teóricos relacionados aos conceitos estudados, nos quais os alunos devem aplicar os princípios da Física para chegar a uma solução. Essa forma de avaliação testa a capacidade dos alunos de aplicar o conhecimento adquirido em situações reais e de raciocinar logicamente.

- *Projetos*: Solicitar aos alunos que realizem projetos relacionados à Física, nos quais eles devem pesquisar, investigar e apresentar um tema específico. Os projetos podem ser individuais ou em grupo e podem incluir apresentações orais, relatórios escritos, experimentos práticos ou simulações computacionais.
- *Apresentações*: Pedir aos alunos que façam apresentações orais sobre um conceito ou tópico específico. Eles podem explicar o tema, demonstrar experimentos ou resolver problemas em frente à turma. Essa forma de avaliação ajuda a desenvolver as habilidades de comunicação e expressão dos alunos.
- *Portfólios*: Solicitar aos alunos que criem um portfólio de trabalhos, nos quais eles reúnam exemplos de seu progresso e aprendizado ao longo do curso. Os portfólios podem incluir resolução de problemas, experimentos, registros de observações, reflexões e análises de conceitos.
- *Avaliação formativa*: Realizar avaliações ao longo da aula ou do curso para verificar o entendimento dos

alunos em tempo real. Isso pode incluir perguntas orais, atividades em grupo, discussões em sala de aula, exercícios práticos ou quizzes online. A avaliação formativa fornece feedback imediato aos alunos e ao professor, permitindo ajustes no processo de ensino-aprendizagem.

É importante escolher uma ou mais formas de avaliação que sejam adequadas ao conteúdo e às habilidades que se deseja avaliar. Também é recomendado diversificar as formas de avaliação para obter uma compreensão mais abrangente do desempenho dos alunos.

16 Escolha da Teoria Pedagógica norteadora

A escolha da teoria pedagógica como fundamento das atividades em Física depende do contexto educacional, dos objetivos de aprendizagem e das características dos alunos. Diferentes teorias pedagógicas podem ser aplicadas para promover uma aprendizagem significativa e engajadora em Física. Aqui estão algumas teorias pedagógicas comumente utilizadas no ensino de Física:

- *Construtivismo*: Baseado nas ideias de Jean Piaget, o construtivismo enfatiza a construção ativa do conhecimento pelos alunos. Os alunos constroem seu entendimento a partir de suas experiências e interações com o ambiente. Nesse contexto, atividades de descoberta, resolução de problemas e experimentação são valorizadas, permitindo que os alunos construam seu próprio conhecimento físico.
- *Aprendizagem Significativa*: Fundamentada nas teorias de David Ausubel, a aprendizagem significativa ocorre quando os alunos relacionam os novos conceitos a seu conhecimento prévio de forma relevante e coerente. Nesse sentido, é importante fornecer contextos e exemplos relevantes, promover a reflexão e a conexão com experiências pessoais dos alunos. Atividades como analogias, discussões e aplicação prática dos conceitos podem ser empregadas.
- *Aprendizagem Baseada em Problemas (ABP)*: A ABP coloca os alunos no centro do processo de aprendizagem, desafiando-os a resolver problemas do

mundo real. Nessa abordagem, os alunos trabalham em equipes, investigam o problema, buscam informações relevantes e aplicam conceitos físicos para encontrar soluções. A ABP estimula a colaboração, a resolução de problemas autênticos e a aplicação prática do conhecimento em contextos reais.

- *Aprendizagem Cooperativa*: A aprendizagem cooperativa envolve o trabalho em equipe, no qual os alunos colaboram entre si para atingir objetivos comuns. Essa abordagem valoriza a interação social, a troca de ideias, o debate e a construção conjunta do conhecimento. Atividades como projetos em grupo, discussões estruturadas e resolução de problemas em equipe podem ser implementadas.

- *Aprendizagem Baseada em Jogos*: A aprendizagem baseada em jogos utiliza elementos de jogos e simulações para envolver e motivar os alunos no processo de aprendizagem. Jogos educacionais, simulações interativas e plataformas digitais podem ser utilizados para tornar o ensino da Física mais envolvente e desafiador.

É importante destacar que não existe uma única teoria pedagógica ideal para o ensino de Física, e a escolha da teoria adequada dependerá do contexto educacional, dos objetivos de aprendizagem e das características dos alunos. O professor pode combinar diferentes abordagens e adaptar as atividades de acordo com a necessidade e a realidade da sala de aula.

Referências

1. Ausubel, D.P., Novak, J.D., & Hanesian, H. (1978). Psicologia Educacional: Uma Visão Cognitiva. Nova York: Holt, Rinehart e Winston.

2. Bruner, J.S. (1960). O Processo de Educação. Cambridge, MA: Harvard University Press.

3. Dewey, J. (1916). Democracia e Educação. Nova York: Macmillan.

4. Gardner, H. (1999). Inteligência Reformulada: Inteligências Múltiplas para o Século XXI. Nova York: Basic Books.

5. Hattie, J. (2009). Aprendizagem Visível: Uma Síntese de Mais de 800 Meta-Análises Relativas à Realização. Nova York: Routledge.

6. Piaget, J. (1952). As origens da inteligência em crianças. Nova York: International Universities Press.

7. Vygotsky, L.S. (1978). Mente na Sociedade: O Desenvolvimento de Processos Psicológicos Superiores. Cambridge, MA: Harvard University Press.

8. Wenger, E. (1998). Comunidades de Prática: Aprendizagem, Significado e Identidade. Cambridge: Cambridge University Press.

9. Wiggins, G., & McTighe, J. (2005). Entendimento pelo Design. Alexandria, VA: Associação para Supervisão e Desenvolvimento Curricular.

10. Zeichner, K., & Liston, D. (1996). Ensino Reflexivo: Uma Introdução. Mahwah, NJ: Lawrence Erlbaum Associates.

Referências bibliográficas brasileiras sobre ensino e aprendizagem:

1. LIBÂNEO, J. C. Didática. São Paulo: Cortez, 2013.

2. GARCIA, C. M. Formação de professores para uma mudança educativa. Porto: Porto Editora, 1999.

3. COLL, C.; MARCHESI, A.; PALACIOS, J. Desenvolvimento psicológico e educação: Psicologia da educação. Porto Alegre: Artmed, 2004.

4. VYGOTSKY, L. S. A formação social da mente: o desenvolvimento dos processos psicológicos superiores. São Paulo: Martins Fontes, 2007.

5. FREIRE, P. Pedagogia do oprimido. Rio de Janeiro: Paz e Terra, 2018.

6. VEIGA, I. P. A. (org.). Didática: O ensino e suas relações. Campinas: Papirus, 2010.

7. MORAN, J. M. O professor pesquisador: introdução à pesquisa qualitativa. Campinas: Papirus, 2014.

8. IMBERNÓN, F. Formação docente e profissional: formar-se para a mudança e a incerteza. São Paulo: Cortez, 2011.

9. ZABALA, A. A prática educativa: como ensinar. Porto Alegre: Artmed, 1998.

10. PIMENTA, S. G.; GHEDIN, E. (orgs.). Professor reflexivo no Brasil: gênese e crítica de um conceito. São Paulo: Cortez, 2012.

11. GARCIA, C. M. Formação de professores para uma mudança educativa. Porto: Porto Editora, 1999.

www.ingramcontent.com/pod-product-compliance
Ingram Content Group UK Ltd.
Pitfield, Milton Keynes, MK11 3LW, UK
UKHW021956190726
13853UKWH00004B/1564

9 786500 726619